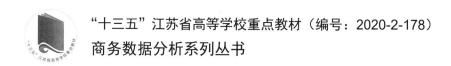

"十三五"江苏省高等学校重点教材（编号：2020-2-178）

商务数据分析系列丛书

Power BI 数据分析与应用

主　　编：孙　浩　陈　念

联合开发：慕研（杭州）数据分析师事务所

数字产业学院（杭州）

电子工业出版社

Publishing House of Electronics Industry

北京·BEIJING

内 容 简 介

本书通过对商务知识和 Power BI 的讲解，帮助零基础读者学会使用微软公司开发的数据分析工具 Power BI 进行商务数据的分析。本书从职场实战出发，选择商务运营中实际发生的数据，利用商务理论知识进行分析。

全书共七个项目，从帮助读者掌握商务数据分析的全过程出发，分别讲解 Power BI 数据分析认知、市场分析、销售分析、客户分析、产品分析、流量分析、舆情分析。每个项目配有相应的操作案例。

本书既可以作为高等院校电子商务、市场营销等专业相关课程的教材，又可以作为商务数据分析的初学者、数据分析从业人员、电商管理人员、店铺经营者的参考学习用书。

图书在版编目（CIP）数据

Power BI 数据分析与应用 / 孙浩，陈念主编. —北京：电子工业出版社，2022.5

ISBN 978-7-121-43304-7

Ⅰ. ①P… Ⅱ. ①孙… ②陈… Ⅲ. ①可视化软件－数据分析 Ⅳ. ①TP317.3

中国版本图书馆 CIP 数据核字（2022）第 065820 号

责任编辑：张云怡　　　　　特约编辑：田学清
印　　刷：涿州市京南印刷厂
装　　订：涿州市京南印刷厂
出版发行：电子工业出版社
　　　　　北京市海淀区万寿路 173 信箱　　　邮编：100036
开　　本：787×1 092　　1/16　　印张：11.5　　字数：244 千字
版　　次：2022 年 5 月第 1 版
印　　次：2023 年 12 月第 3 次印刷
定　　价：45.00 元

凡所购买电子工业出版社图书有缺损问题，请向购买书店调换。若书店售缺，请与本社发行部联系，联系及邮购电话：（010）88254888，88258888。

质量投诉请发邮件至 zlts@phei.com.cn，盗版侵权举报请发邮件至 dbqq@phei.com.cn。

本书咨询联系方式：（010）88254573，zyy@phei.com.cn。

前　言

Power BI 是数据分析的重要工具，虽然目前市面上的工具书较多，但是能反映商业背景和利用真实数据进行分析的教材较少。即使有数据分析的教材，也缺乏基础性、系统性，与高职教育发展的要求有一定差距，不能体现校企融合的高职发展理念。

数据分析在新商科课程体系中占有重要地位，作为电子商务类、市场营销类专业课程的教材，既要有适用性、前瞻性、创新性，又要充分考虑学生后续发展的需要，与行业发展需求、企业岗位需求相融合，符合高职教育特色。商业背景和真实数据是本书的出发点、立脚点和新视角。

本书由七个项目组成。项目一围绕对 Power BI 数据分析的认知需求，让读者初步了解数据处理、数据建模、数据可视化、数据地图的功能；项目二通过交易金额、交易年增长率、月增长率等指标分析市场规模和市场趋势两个维度；项目三通过对现有销售数据的分析，帮助企业了解以往的产品销售情况，为企业了解市场趋势、制定产品策略、确定产品价格提供参考；项目四通过对现有客户数据的分析，让企业了解客户的基本情况，为企业进行客户的分析判断提供参考；项目五通过对产品进行分析，让企业了解产品的基本情况，帮助企业选择品类、了解销售地域、销售趋势、判断是否需要补货；项目六通过对流量渠道、关键词有效度的分析，把握企业流量的基本情况；项目七通过对现有客户评价数据的分析，让企业了解客户舆情的基本情况，帮助企业监控店铺状态，并及时进行产品和服务的升级换代。每个项目都配有相应的商务理论和知识，并使用企业的真实数据进行案例分析。

本书特点如下：

第一，不仅专注于使用 Power BI 进行数据分析的职业技能方面的相关知识，也考虑与其职业相关岗位所具备的多种知识能力素质和通用技能，为学生以后职业发展打下基础。

第二，以商务数据分析为业务背景，包含两条主线：第一条是以数据分析的流程为主线，包含数据准备、数据分析和数据可视化；第二条是以商业应用为主线，包含销售分析、客户分析、产品分析、流量分析等多个场景。

第三，引入课程思政，实践"立德树人"的教育思想，把思想政治教育的理论知识、价值理念及精神追求等内容融入本书的各项目中。

本书编写的具体分工如下：孙浩编写项目一、项目二、项目三、项目四；陈念编写项目五、项目六、项目七。孙浩负责全书框架设计、Power BI 部分内容统稿及全书定稿，陈念负责商务知识部分内容统稿。

在编著本书过程中参考和引用了大量国内外学者的相关专著、教材、论文及网络资料，在此，谨向相关作者表示诚挚的感谢。由于编著者水平有限，书中不当之处在所难免，恳请读者批评指正。

编者

目　录

项目 1
Power BI 数据分析认知

引例

　　电子商务企业员工小白，在日常商务活动中要处理大量的数据。今天上午 9 点刚上班，部门经理就给他布置任务，要求他在 10 点半的部门例会上用动态图表汇报企业 100 个网上门店经营的大概情况。数据很多，时间又紧，但小白欣然接受任务，因为他知道运用可视化神器 Power BI，可以在较短时间内生成各种酷炫的报表。

任务拆解

　　这是应用 Power BI 可视化功能分析企业经营数据概况的典型应用场景。通过导入企业商务活动中产生的各种数据生成动态图表，初步分析企业经营的整体情况。该项目围绕对 Power BI 数据分析的认知需求，可拆解成如表 1-1 所示的四个任务，分别是数据处理、数据建模、数据可视化、数据地图。本项目以该企业 100 个网上门店销售数据表、开支数据表、库存数据表、备货数据表、维度表、客户资料等数据为例展开分析。

表 1-1　数据分析认知项目的任务拆解表

项　　目	任　　务	数　据　指　标	主　要　作　用
数据分析认知	数据处理	数据表	从数据源导入数据
	数据建模	可关联的列名	建立数据表之间的关联
	数据可视化	总价、门店、开支、销售额等	生成动态图表
	数据地图	收货地址、总金额等	判断地区销售情况

任务 1 数据处理

实现利用 Power BI 进行数据可视化，首先要从数据源导入数据。导入数据后，要确定数据列名、数据类型正确与否，是否需要拆分列，是否需要生成度量值等。

◎ 知识准备

一、商务数据分析相关概念

1. 数据分析

数据分析是指收集、处理数据并获取信息的过程。具体地说，数据分析是指在业务逻辑的基础上，运用简单有效的分析方法和合理的分析工具对获取的数据进行处理的一个过程。

1）数据分析的目的

数据分析的目的是把隐藏在一大批看起来杂乱无章的数据中的信息集中萃取和提炼出来，以找出所研究对象的内在规律。在实际生活中，数据分析可帮助人们做出判断，以便采取适当行动。

2）数据分析的价值

数据分析的价值包含三个方面，一是帮助领导做出决策；二是预防风险；三是把握市场动向。通过数据分析可以帮助企业发现做得好的方向和需要改进的地方，以及指出企业出现的问题。

3）数据分析的作用

数据分析在企业日常经营分析中，具有以下方面的作用。

- 现状分析，提供企业现阶段整体运营，以及企业各项业务的构成情况，包括各项业务的发展及变动情况。
- 原因分析，发现企业存在问题的原因，并依据原因制订相应的解决方案。
- 预测分析，对企业未来的发展趋势进行预测，便于企业制订运营计划。

4）数据分析的应用

数据分析有非常广泛的应用范围，在产品的整个生命周期内，从产品的市场调研到售后服务及最终处置都需要适当运用数据分析。例如，企业会通过市场调查分析所得数据判断市场动向，从而制订合适的生产及销售计划。同样，淘宝店铺在运营过程中，数据分析也起着积极的作用。

5）数据分析的分类

一般把数据分析分为三类：EDA（Exploratory Data Analysis，探索性数据分析）、CDA（Confirmatory Data Analysis，验证性数据分析）和定性数据分析。

EDA 是指对已有的数据在尽量少的先验假定下进行探索，侧重于在数据中发现新的特征。EDA 从客观数据出发，探索其内在的数据规律，让数据自己"说话"。

CDA 是指在进行分析之前一般都有预先设定的模型，侧重于对已有假设的证实或证伪。

定性数据分析是指对词语、照片、观察结果类的非数值型数据进行分析。

2．大数据

大数据本身是一个比较抽象的概念，单从字面意思来看，它表示数据规模的庞大。目前大数据尚未有一个公认的定义，已有的定义基本是从大数据的特征出发，对其特征进行阐述和归纳的。在这些定义中，比较有代表性的是 3V 定义，即认为大数据需满足三个特点：规模性（VOLUME）、多样性（VARIETY）和高速性（VELOCITY）。维基百科对大数据的定义则简单明了：大数据是指利用常用软件工具捕获、管理和处理数据所耗时间超过可容忍时间的数据集。

3．云计算

Google 作为大数据应用最广泛的互联网公司之一，在 2006 年率先提出云计算的概念。云计算是一种大规模的分布式模型，通过网络将抽象的、可伸缩的、便于管理的数据能源、服务、存储方式等传递给终端客户。根据维基百科的说法，狭义的云计算是指 IT 基础设施的交付和使用模式，指通过网络以按照需求量和易扩展的方式获得所需资源；广义的云计算是指服务的交付和使用模式，指通过网络以按照需求量和易扩展的方式获得所需服务。目前可以认为云计算包含三个层次的内容：服务（IAAS）、平台即服务（PAAS）和软件即服务（SAAS）。国内的阿里云与云谷公司的 XenSystem，以及在国外已经非常成熟的 Intel 和 IBM 都是云计算的忠实开发者和使用者。云计算是大数据的基础平台与支撑技术。如果将各种大数据的应用比作"汽车"，支撑这些"汽车"运行的"高速公路"就是云计算。正是因为云计算技术对数据存储、管理与分析等方面的支撑，才使得大数据有用武之地。

4．商务数据分析

以商务数据和商业理论为基础，通过挖掘数据背后的商业价值解决具体问题。商务数据分析依靠统计软件和可视化工具，结合业务背景寻找商务数据的规律，为企业管理层提供可靠的、科学的、理性的决策依据。

互联网时代，几乎所有商家都采用网络平台作为开展业务的基础。日常商务活动产生的数据中包含大量的信息，商务数据分析就是要从这些海量数据中挖掘有利于提高企业效益和效率的有价值的信息。

二、数据的内涵

1. 数据的分类

电子商务中的常用数据有很多，如果根据数据自身的性质分类，可分为数值型数据和分类型数据。

1）数值型数据

数值型数据即由多个单独的数字组成的一串数据，是直接使用自然数和度量单位进行计量的具体数值，如销售额 2100 元、好评率 97%、销售量 12361 个、重量 2 千克等。

2）分类型数据

分类型数据是指反映事物类别的数据，如商品类型、地域区限、品牌类型和价格区间等。如果根据数据代表的含义分类，可分为用户数据、行为数据和产品数据。

- 用户数据——我是谁？用户数据是指用户的基本情况，包括姓名、性别、邮箱、年龄、家庭住址、教育水平、职业等。
- 行为数据——我做了什么？行为数据是记录用户做过什么的数据，例如，在淘宝上，用户行为可以是用户在某个产品页面的停留时间、浏览过哪些产品、购买了哪些产品等。行为数据包括用户做了哪些行为、发生行为的时间等。
- 产品数据——卖什么？一个平台里的东西可以看作产品，例如，淘宝里的商品、优酷上的视频、公众号里的文章都可以看作产品。产品数据包括产品名称、产品类别、产品评论、库存等。

本书的数据类型主要以产品数据为依据进行收集和分析。

2. 数据分析的基本名词

（1）维度：观察数据的视角，如日期、行业、店铺等。

（2）粒度：观察数据的最小单位，如日期可分为年、季、月、日、时、分，店铺可以看到品类，也可以看到产品。

（3）指标：数值类型的数据，具有标量的特性，如销售额、转化率等指标。

（4）度量值：对指标的运算，如平均值、汇总值等。

三、商务数据分析的流程

商务数据分析的流程最初的数据可能杂乱无章，要通过作图、制表等各种形式的拟合来计算某些特征量，探索规律性的形式。这时就需要研究用何种方式寻找和揭示隐含在数据中的规律性。商务数据分析流程如图 1-1 所示。

图1-1　商务数据分析流程

1．熟悉工具

数据分析是利用合适的工具和理论挖掘隐藏在数据背后的信息，因此数据分析的第一步就是要熟悉工具。工欲善其事，必先利其器，只有熟练使用工具，才能更好地处理数据、分析数据。

2．明确目的

做任何事情都要明确目的，数据分析也一样，首先要明确数据分析的目的，即希望通过数据分析得出什么结论。例如，希望通过数据分析发现流失用户都有哪些特征，希望通过数据分析找到销量提高的原因。

3．采集数据

明确目的后我们就要采集数据，在采集数据之前还需要明确以下几点。

- 需要什么指标。
- 需要采集什么时间段的数据。
- 这些数据都存在哪个数据库或哪个表中。
- 怎么提取，是自己写 SQL 还是可以直接从 ERP 系统中下载。

4．熟悉数据

拿到数据后我们要熟悉数据，就是看有多少数据，是数值型数据还是分类型数据；每个指标大概有哪些值，这些数据能不能满足我们的需求，如果数据不够，那么还需要采集哪些数据。采集数据和熟悉数据是一个双向的过程，当熟悉完数据后发现当前数据维度不够，就需要重新采集；当采集到新的数据后，需要再去熟悉数据，所以采集数据和熟悉数据会贯穿在整个数据分析过程中。

5．处理数据

获取到的数据是原始数据，在这些数据中一般会有一些特殊数据，我们需要对这些数据进行提前处理，常见的特殊数据主要有以下几种。

- 异常数据。
- 重复数据。
- 缺失数据。
- 测试数据。

对于重复数据、测试数据，我们一般都是进行删除处理的。对于缺失数据，如果缺失比例高于 30%，那么我们会选择放弃这个指标，即进行删除处理。对于缺失比例低于 30% 的指标，我们一般进行填充处理，即使用 0、均值或众数等进行填充。对于异常数据，需要结合具体业务进行处理，如果你是一个电商平台的数据分析师，要找出平台上的刷单商户，那么异常数据就是要重点研究的对象；如果你要分析用户的年龄，那么一些大于 100 或小于 0 的数据就要删除。

6．分析数据

分析数据主要围绕数据分析指标展开。在分析过程中经常采用下钻法，例如，当我们发现某一天的销量突然上涨/下滑时，我们会看是哪个地区的销量上涨/下滑，进而再看哪个品类、哪个产品的销量上涨/下滑，层层下钻，最后找到出现问题的真正原因。

7．得出结论

通过分析数据就可以得出结论。

8．验证结论

有时通过数据分析出来的结论也不一定成立，所以我们要把数据分析和实际业务相联系，验证结论是否正确。例如，做新媒体数据分析时，你通过分析发现情感类文章的点赞量、转发量更高，这只是分析结论，这个结论正确吗？你可以再写几篇情感类文章验证一下。

9．展示结论

我们分析出结论并在结论得到验证以后就可以把这个结论分享给相关人员，如领导或业务人员。这时需要考虑如何展示结论，以什么样的形式展示结论，这就要用到数据可视化了。

10．数据报告

数据报告是将一系列分析结果进行逻辑性地集中展示并阐述分析结论的文档，可以使用 PPT、Word 制作报告。

四、关于 Power BI

1. 什么是 Power BI

Power BI（简称 PBI）是美国微软公司发行的一款商业智能软件，它包含桌面版（Power BI Desktop）、网页版和移动版。Power BI 的主要功能由桌面版承载，开发人员利用桌面版将数据和报表发布到网页或手机 App 上。网页版可以对报表进行在线编辑，我们外出时只要记住账号和密码，找到网络就可以在线编辑报表，轻松应对各种突发情况。移动版需要安装 Power BI 的 App（安卓和苹果系统均支持），可以在 App 上查看设计好的报表，利用桌面版可以针对移动版重新设计报表样式。

值得一提的是，Power BI 的界面和 Excel 的界面类似，基本上只要会使用 Excel 就能轻松操作 Power BI。

Power BI 的应用大大提高你的工作效率和水平，大多数接触过 Power BI Desktop 的用户表示再也回不去 Excel 的时代了，因为 Power BI Desktop 的性能和在数据展现方面的能力太过于诱人，秒杀了 Excel。

2. Power BI 的主要功能

（1）数据导入方面：Power BI 能从多种数据源导入数据，如工作中常用的 Excel、CSV、XML、WEB 等文件，以及 SQL Server、Oracle、MySQL 等各类数据库，包括两大主流开源平台 Hadoop、Spark 等。

（2）数据分析方面：Power BI 借助其整合的 Power Query 和 Power Pivot，实现灵活的数据分析。

（3）数据展现方面：数据展现是 Power BI 十分耀眼的功能，除了自带视觉对象（图表），Power BI 还提供了上百个（目前）第三方的视觉对象。

（4）数据发布方面：支持发布到网页版和移动版。

3. Power BI 的优势

如果数据透视表是 Excel 历史上的第一个伟大发明，那么 Power BI 就是第二个。Power BI 有如下优点。

（1）入门级是免费的：这个免费版完全可以满足个人用户的使用需求。

（2）由 Excel 衍生而来：本质上 Power BI 就是整合了 Excel 三大插件利器，并加入了社交分享的功能。Excel 是全世界应用最广泛的数据分析软件，如果你是 Excel 的使用者，一定可以很快上手 Power BI，实现从 Excel 到 Power BI 的自然过渡。

（3）不需要高门槛的语言：Power BI 的入门不需要 VBA 或 SQL 这样有门槛的计算机语言。因为这款软件的开发初衷针对的是非 IT 类人群，其操作及人性化的界面设计大大降低了学习门槛。当然，如果想深入地运用它，需要学习一些 DAX 语句（Data Analysis Expression，数据分析表达式），但它与 Excel 中经常用的 Sum、IF、Vlookup 函数类似，其难度远远小于编程语言。

（4）打通各类数据源：Power BI 能够从各种数据源中抓取数据进行分析，除了支持微软产品如 Excel、SQL Server 等，各类数据库如 Oracle、MySQL、IBM DB2 等，还支持从 R 语言脚本、Hdfs 文件系统、Spark 平台等系统导入数据。

（5）由微软创造：有一个强大的团队在运营这款产品，在这个强大的后盾支持下，Power BI 有完整的生态，与 Office 软件无缝衔接，能对接市面上大部分常见的数据库。Power BI 有自己的社区，听取并采纳使用者的意见，每个月都发布一版更新。

4．Power Query 简介

Power Query 简称 PQ，是实现数据获取和数据清理的一个工具，是一个 Excel 的插件。微软在 Office 2016 以上版本中已经把 PQ 内置为一个功能模块，只需单击"数据"选项卡中的"获取和转换"功能集即可。

在 Power BI 中的 PQ 不仅可以实现数据的获取、加工及数据处理步骤的自动保存，还可以大幅度扩展数据处理功能，同时支持 M 语言高级编程。

掌握 PQ 的功能对进行深度数据分析、展现数据可视化具有强大的辅助作用。

5．Power Pivot 简介

Power Pivot 是一种数据建模技术，用于创建数据模型、构建关系及创建计算。可使用 Power Pivot 处理大型数据集，构建广泛的关系，以及创建复杂（或简单）的计算。

Power Pivot 使用 DAX 语言进行函数编辑，DAX 与 Excel 函数具有相似的编辑方式。

◎ 任务实施

步骤 1：在"主页"选项卡的"外部数据"组中单击"获取数据"下拉按钮，如图 1-2 所示。

步骤 2：在弹出的下拉菜单中，选择"更多"选项，如图 1-3 所示。

图1-2　获取数据　　　　　　　　　　　　图1-3　"获取数据"菜单

步骤 3：在"获取数据"对话框中，选择"文件夹"选项，单击"连接"按钮，如图 1-4 所示。

图1-4　"获取数据"对话框

步骤 4：在"文件夹"对话框中，单击"浏览"按钮，如图 1-5 所示；在打开的"浏览文件夹"对话框中，选择"100 份门店数据"文件夹，单击"确定"按钮，如图 1-6 所示。

图1-5 "文件夹"对话框

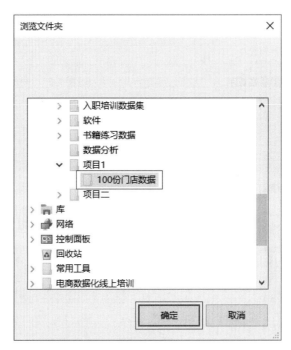

图1-6 "浏览文件夹"对话框

步骤 5：单击"组合"下拉按钮，如图 1-7 所示，在弹出的下拉菜单中选择"合并和加载"选项，如图 1-8 所示。

图1-7　单击"组合"下拉按钮

图1-8　选择"合并和加载"选项

步骤6：在"合并文件"对话框中，单击"确定"按钮，如图1-9所示。

图1-9　"合并文件"对话框

步骤 7：在"主页"选项卡的"外部数据"组中单击"编辑查询"下拉按钮，如图 1-10 所示，进入 Power Query 编辑器。

步骤 8：在 Power Query 编辑器的"主页"选项卡的"转换"组中单击"替换值"按钮，如图 1-11 所示；在"替换值"对话框中，将".csv"替换为空，单击"确定"按钮，如图 1-12 所示。

图1-10　编辑查询

图1-11　替换值

图1-12　"替换值"对话框

步骤 9：双击列名"Source.Name"，如图 1-13 所示，将列名"Source.Name"更改为"门店"。

步骤 10：在"主页"选项卡的"关闭"组中单击"关闭并应用"下拉按钮，如图 1-14 所示，保存数据，返回报表视图。

图1-13　更改列名　　　　　　　　　　图1-14　"关闭并应用"下拉按钮

步骤 11：在"主页"选项卡的"外部数据"组中单击"获取数据"下拉按钮，在弹出的下拉菜单中选择"Excel"选项，如图 1-15 所示，导入 Excel 文件"开支数据"，并重复上述操作，导入 Excel 文件"库存数据""门店备货（采购）数据""维度表"。

步骤 12：在报表视图中，分别修改表的名称，其中"门店备货（采购）数据"改为"进货数据"，"100 份门店数据"改为"门店销售数据"，数据整理完毕，结果如图 1-16 所示。

图1-15　选择"Excel"选项

图1-16　导入后数据列表

任务 2　数据建模

在分析数据时，不可能总是对单个数据表进行分析，在大多数情况下需要利用多个数据表中的数据及其关系来执行一些复杂的数据分析任务。为了进行准确的分析，需要建立模型把多个数据表进行关联，并进行联动操作，以获得更加符合工作实际需求的分析结果。

◎ 知识准备

一、数据建模及相关概念

根据分析的需求，在多个数据表之间建立合适的关系，使之可以像一个数据表一样灵活使用，这个过程被称为数据建模。

1. 字段

字段是表的一列，只包含一种信息，列名就是字段名；相对于字段这个概念，更应该注意的是字段的设置，在进行数据分析之前，最好做到以下几点。

（1）检查字段的数据类型是否正确，比如数值型、文本型等。

（2）设置字段的显示格式，比如百分比、千分比等。

（3）检查字段的默认汇总方式，比如求和、计数、不汇总等。

（4）检查字段的数据类别，比如地理字段，可以设置为国家、城市、经纬度等。

在 Power BI Desktop 中，选中某个字段，在功能区上方自动出现"列工具"选项。

2. 计算列

计算列也是一个字段，但它不是从原始数据加载进来的，而是在数据模型中使用 DAX 新建的列。在数据视图中，选择需要新建列的表，单击功能区中的"新建列"命令即可输入 DAX，在该表中添加一个新列，这个新列可以同源数据的其他列一样使用。计算列仅在刷新表数据时才执行计算所使用的 DAX，计算列的生成值存储在数据模型中，如果在很大的表中添加列可能会对数据模型的内存大小产生显著影响，所以在非必需的情况下，一般不建议使用计算列。计算列不涉及用户交互。计算列的类型和格式等设置与字段的设置相同。

3. 度量值

度量值是一个公式，与计算列一样是使用 DAX 建立的，但它不属于任何表。新建的度量值保持休眠状态，不执行计算，直到其被用于视觉对象中。度量值计算出的结果是动态的，在不同的上下文中执行不同的计算，所以也被称为移动的公式。度量值可以响应用户交互，可以快速重新计算，但不将输出存储在数据模型中，因此对数据模型的物理大小没有影响。数据模型中计算度量的数量增加不会影响静态模型的大小，度量值计算是数据分析的首选方式。单击功能区中的"新建度量值"命令，即可在编辑框中输入 DAX 建立的度量值。建立好的度量值会显示在字段区的某个表中，但它与该表并没有关系。当度量值比较多时，可以将度量值专门收纳到一个文件夹中。单击某个度量值，在功能区会出现"度量工具"选项卡，可以设置该度量值的显示格式等，与字段的设置类似。

度量值是 Power BI 数据分析的核心，在各种数据分析示例中都会看到度量值。

4. DAX

DAX（Data Analysis Expression）是数据分析表达式，是一种专门为计算数据模型中的商业逻辑而设计的语言，是 Power BI 中的数据建模语言。

计算列和度量值都是利用 DAX 生成的。DAX 可以从模型已有的数据中创建新信息。学习如何创建有效的 DAX 将帮助我们充分利用数据。利用 DAX 不仅可以快速得到分析结果，还可以灵活地驱动数据可视化。

5. 上下文

上下文是理解 DAX 的核心概念，简单来说，上下文就是 DAX 所处的外部环境，分为筛选上下文和行上下文。筛选上下文对数据进行筛选，行上下文对表进行迭代，行上下文一般可以理解为表的当前行，并不产生筛选作用。

计算列和度量值的区别之一就是二者所处的上下文不同。度量值的动态计算也是由于上下文切换的。上下文的概念很简单，初学者也许能快速理解，但它也是 DAX 中最复杂的主题之一，如果想要彻底理解其细节和精妙之处，需要花费一定的时间和精力来摸索。只有精准理解上下文，才能真正理解和掌握 DAX。

6. 事实表

事实表又叫明细表，表示由业务开展产生的结果记录，比如订单表，如果有 10 000 次销售，理论上订单表包含 10 000 行。

一个事实表最好只包含一种业务记录，比如订单表只包含销售记录，采购表只包含采购记录，而不应混合在一起。

7. 维度表

维度表又叫查找表。通常用来分析问题的角度，比如按照产品分析，应该制作一个产品维度表，包含所有产品的不重复列表；按客户分析，应该制作一个客户维度表，包含所有客户的不重复列表。维度表是上下文的来源，切片器的字段、图表的轴都应来自维度表。

Power BI 的初学者可能不习惯使用维度表，把所有数据都放到一张大表中，这非常不利于数据分析。可以说数据模型的好坏取决于维度表的设计好坏和维度的质量好坏。

8. 关系

两个表之间的联系称为关系，它是数据建模最基础也是最重要的概念之一。从建模视图直观来看，关系就是一条线，关系线的中间带有箭头，两端还有 1 或*号，这些都是关系的属性。

在建模视图中，将一个表的字段拖动到另一个表的字段上，Power BI 会自动分析检测数据，以便判断哪端是 1，哪端是多（*），箭头一般从 1 端指向多（*）端。当然前提是两个表确实有共同的关系列。模型中可能有多个表，但一个关系仅存在于两个表之间，可以单击关系线查看建立模型的相关参数。

Power BI 的编辑关系窗口可以看出关联的两个表和对应的字段，也可以更改关联的字段，窗口中还有两个可选项，即基数和交叉筛选器方向。

（1）基数是两个表的对应关系，关系是有次序的，分为左表和右表，两个表之间有多对一、一对一、一对多和多对多四种关系，具体说明如下。

- 多对一（*∶1）：这是最常见的类型，代表左表中的关系列有重复值，而右表中的关系列是单一值。
- 一对一（1∶1）：左表和右表关系列中的值都是唯一的。
- 一对多（1∶*）：与多对一正好相反。
- 多对多（*∶*）：左表和右表关系列中均有重复值，尽量避免使用这种关系。

（2）交叉筛选器方向表示数据筛选的流向，在关系线上用箭头标示，有如下两种类型。

- 单一：单项关系，一个表会沿着箭头的方向对另一个表进行筛选，不能反向筛选。
- 两个：双向关系，两个表可以互相筛选。

9. 数据模型

在 Power BI 中，字段、度量值、事实表、维度表、关系的集合构成了数据模型。

在一个数据模型中，可以将来自不同表、甚至不同数据源的表建立关系，使各个独立的表变成相互联系的有意义的数据模型，接下来即可在一个图表中或报告中分析来自不同表格的数据。

数据模型是进行数据分析的基础，数据模型能够处理更大量级的数据，并且速度很快。

数据模型并不只是个概念，一个良好的数据模型可以将多个表联系起来，像一张表一样使用。它是解决方案的基础，也是一个良好的报告系统的基础；模型建得优秀，就可以更简单地完成分析。

直观来看，数据建模就是在表之间建立关系，看起来好像很简单，但知道在哪些表之间建立关系、建立什么样的关系并不容易，尤其在复杂的数据分析及表比较多的情况下。

建立一个好的数据模型，首先要熟悉数据背后的业务逻辑，然后需要深入思考，自己要做什么分析，需要哪些数据，这些数据分别存放在哪些表中。在深入分析的基础上，还需要对建模的知识有一定的积累，分清楚哪些是事实表、哪些是维度表，维度表是否够用，关系应该如何建立等。

数据建模的过程就是逻辑思考的过程，如果没有好好思考，就不可能建立一个好模型，也就无法有效地解决问题。关于数据模型的结构有很多种，这里就不一一介绍了。

通过以上这些概念，我们应该了解了什么是数据模型，以及如何建立一个简单的数据模型，但这并不意味着能建立一个良好的数据模型。因为现实的业务逻辑及数据结构千差万别，创建数据模型通常很费力，有时并没有很好的建模方案，需要做出很多决定和权衡，要有大量的分析和建模经验，根据实际分析场景不断优化，所以数据建模不仅是一门技术，更像是一门艺术。

在 Power BI 中，数据分析离不开 DAX，也离不开度量值，要想真正理解 DAX 和度量值运行的逻辑，熟练运用 Power BI 进行数据分析，数据模型是分析的基础。所以学习 Power BI 时，尤其是后面的学习会接触到很多 DAX，不要只学习公式，背后的数据模型才是真正的力量所在。一个好的数据模型，可以用更少的精力、更短的公式及更优的性能实现想要的结果。

二、Power BI 中的关系模型

Power BI 中具有唯一值的数据表通常被称为"维度表"，具有多个值的表被称为"事实表"。建立关系的时候，一般由"维度表"控制"事实表"。

Power BI 中的关系主要有两种：一对一（1：1）关系，两个表是一对一的关系，列中的每个值在两个表中都是唯一的；多对一（*：1）关系（或 1 对多），这是最常见的类型，代表一个表中的关系列有重复值，而在另一个表中是单一值。Power BI 中关系的具体含义如表 1-2 所示。

表 1-2　Power BI 中关系的具体含义

关　系	含　义
一对一（1：1）	一个表中的关系列仅具有特定值的一个实例，而另一个相关表也是如此
多对一（*：1）	多对一是最常见的关系类型。一个表中的关系列可具有一个值的多个实例（常称为引用表），而另一个相关表（常称为查找表）仅具有一个值的一个实例
一对多（1：*）	一对多是多对一的反向。一个表中的关系列仅具有特定值的一个实例（常称为查找表），而另一个相关表（常称为引用表）具有一个值的多个实例
其他	Power BI 中还存在一种配置为虚线的数据关系，表示此关系不可用

另外，建立关系时尽量避免双向关系，避免在事实表之间创建关系。

◎ 任务实施

步骤 1：在"主页"选项卡的"关系"组中选择"管理关系"选项，如图 1-17 所示。

图1-17 管理关系

步骤 2：在"管理关系"对话框中，单击"新建"按钮，如图 1-18 所示，弹出"创建关系"对话框，选择相互关联的表和列，单击"确定"按钮，如图 1-19 所示。

图1-18 "管理关系"对话框

图1-19　"创建关系"对话框

步骤 3：重复步骤 2，创建各张表的关系，最后结果如图 1-20 所示。

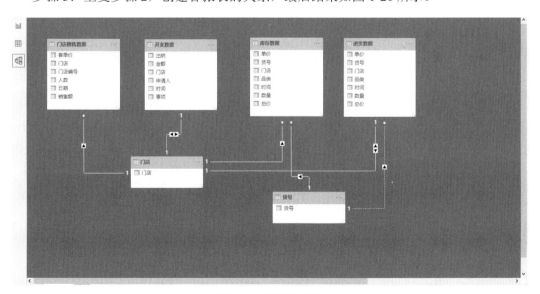

图1-20　数据表关联

★★注意：

（1）本项目中"门店销售数据"表的"门店编号"列与"门店"表的"门店"列建立关联。

（2）由维度表（查找表）"门店""货号"控制事实表（引用表），即"门店销售数据""开支数据""库存数据""进货数据"。

（3）在模型视图中，可以直接拖曳各数据表相应列名建立各数据表之间的关系，例如，将"门店"表的"门店"列名拖曳到"开支数据"表的"门店"列名上，建立两个表的关联。

（4）当创建的关系不完全符合实际的需求，而且也可能存在多余的关系时，可以在"管理关系"中删除关系，也可以在连接线上右击，在弹出的快捷菜单中删除关系。

任务3　数据可视化

文字、表格表达的信息有限，用动态交互图像体现数据可视化则更能说明问题，更有利于企业商业做出决策。数据可视化能够帮助企业有效地简化庞杂的数据，快速挖掘有价值的信息，合理地分析现状和预测未来，从而做出科学的经营决策。

Power BI 自带的可视化视图（如条形图、折线图、散点图等）有31种，基本上能满足我们日常工作的需要，另外，用户还可以自定义更加丰富的展示效果。

◎ 知识准备

一、Power BI 数据可视化的思想

1. 数据可视化

数据可视化是将数据以易于感知的图形符号呈现出来，让人们交互地理解数据，更适合人们对数据进行探索性分析。

数据可视化作为人脑的辅助工具，通过信息记录、信息推理和分析、信息传播与协同等工作，可以有效地呈现数据的重要特征、揭示客观规律、辅助理解事物概念和过程、提高数据利用效率、促进沟通交流和合作。图形化的符号可以将用户的注意力引导到重要的目标。

数据可视化包含三个分支：科学可视化、信息可视化、可视分析。

2. 数据可视化步骤

使用 Power BI 进行数据可视化的步骤，如图1-21所示。

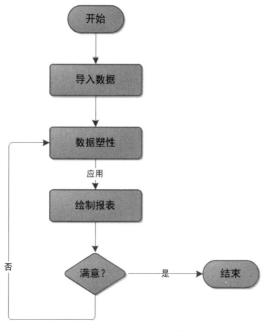

图1-21　数据可视化步骤

（1）首先从数据源导入数据。Power BI 支持的数据源格式非常多。

（2）然后在 Power BI 后台区进行数据塑性。数据导入后，必须确定好数据列名和数据类型是否正确，是否需要进行切分工作，是否需要生成汇总表等。

（3）最后在 Power BI 的图表区绘制报表。在具体工作中，这步和第（2）步工作迭代进行，我们需要不断对数据进行塑性，并基于塑性好的数据绘制出各种报表。

二、Power BI 的数据可视化视图类型

Power BI 的数据可视化效果非常丰富，能够根据需要展示不同的可视化效果。Power BI 自带的可视化视图类型如下。

（1）条形图类：堆积条形图、簇状条形图、百分比堆积条形图。

（2）柱形图类：堆积柱形图、簇状柱形图、百分比堆积柱形图。

（3）折线图类：折线图、折线和堆积柱形图、折线和簇状柱形图、KPI。

（4）面积图类：分区图、堆积面积图、功能区图表、饼图、环形图、树状图、仪表。

（5）地图类：气泡地图、着色地图、ArcGIS Maps。

（6）脚本类：Python 视觉对象、R 脚本 Visual。

（7）表格类：卡片图、多行卡、表、矩阵、切片器。

（8）其他类：瀑布图、散点图、漏斗图、关键影响因素。

三、什么是 BI

BI（Business Intelligence）就是商务智能，又称商业智慧、商业智能，是指使用数据库技术、分析处理技术、数据挖掘和数据展现技术进行数据分析，以实现企业数据的商业价值。BI 是将企业现有数据进行有效整合，快速、准确地提供报表、决策依据，帮助企业做出明智的业务经营决策。

BI 的重要性越来越大，它可以实现从数据整合到数据分析、数据展示、决策支持的过程，最终将数据转换成企业增长的效益。

◎ 任务实施

步骤 1：在报表视图中新建"簇状柱形图"对象，把"门店"表的"门店"字段拖曳到"轴"，把"库存数据"表的"总价"字段拖曳到"值"，如图 1-22 所示。

图1-22　设置簇状柱形图对象

步骤 2：选择格式按钮设置 X 轴，如图 1-23 所示，单击垂直滚动条，将 X 轴"标题"设置为"关"，如图 1-24 所示。用相同方式将 Y 轴标题设置为"关"。

图1-23　设置 X 轴

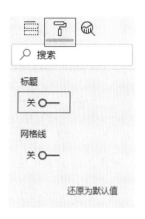

图1-24　设置 X 轴标题

步骤 3：设置簇状柱形图标题，将"标题文本"设置为"库存总额"，"对齐方式"设置为"居中"，如图 1-25 所示。

图1-25　设置标题

步骤 4：设置完毕，显示结果如图 1-26 所示。

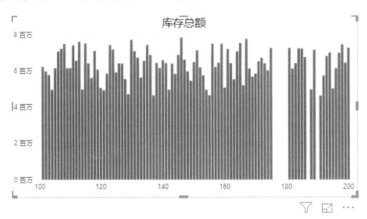

图1-26　按门店显示库存总额

步骤 5：重复上述步骤，建立"进货总额""开支总额""销售总额"簇状柱形图，如图 1-27 所示。

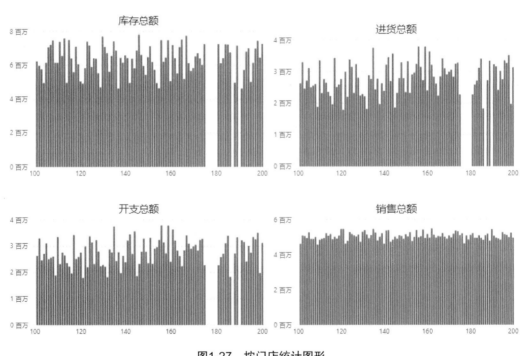

图1-27　按门店统计图形

步骤 6：为了方便观察单个门店或几个门店的情况，需要加入切片器。在报表视图中，新建切片器对象，把"门店"表的"门店"字段拖曳到"字段"区域，如图 1-28 所示。

图1-28　新建切片器对象

步骤 7：单击切片器对象右上角的下拉按钮，如图 1-29 所示，在弹出的下拉菜单中选择"列表"选项，如图 1-30 所示。

图1-29　选择切片器对象

图1-30　切片器下拉菜单

步骤 8：单击切片器对象格式按钮，将其显示方向设置为"水平"，如图 1-31 所示。

步骤 9：在切片器中选择某个门店，或者按住"Ctrl"键选择多个门店，可以观察单个或多个门店的销售、开支、进货、库存等情况，如图 1-32 所示。

图1-31　切片器对象设置

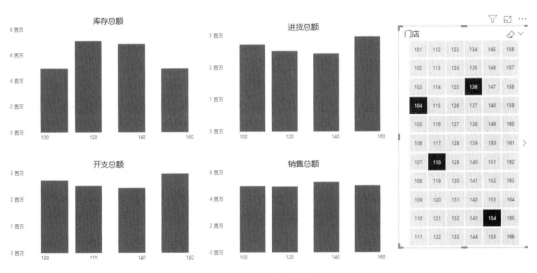

图1-32　切片器效果

◎ 分析结论

Power BI 的数据可视化可以实现动态、交互式展现数据。

任务 4　数据地图

数据地图可以探索地理与时间维度上的数据变换，让你发现和分享新的见解。通过数据地图，企业管理者可以对客户的分布一目了然，有利于企业对客户进行有效管理。

利用内置的必应地图，在 Power BI 中可以轻松生成地图来实现各种数据可视化。

◎ 知识准备

一、客户地域

客户地域指的是客户群所在地，也称市场领域。企业一般将总体市场划分为多个细分的地域市场，结合客户地域的潜力及企业的自身优势，确定企业的市场目标。

合理划分客户地域，有助于企业清晰地掌握市场销售潜力，合理调配企业的人力、物力、财力等销售资源，更好地覆盖市场，为市场利益最大化提供基础信息；明确划分客户地域，有利于市场的开发与管理，提高销售人员的责任感，改进客户管理工作，提高工作效率；确定客户地域，有助于销售人员建立客户的品牌信任度、忠诚度，改善销售人员与客户的关系，为提高销售绩效创造良好的市场基础。

二、Power BI 地图模型

在 Power BI 的默认可视化对象中，有三种地图对象：气泡地图（Bubble Map）、着色地图（Filled Map）和 ArcGIS Map。

1. 气泡地图

在地图上利用气泡的大小表示不同地区的数据，比如展现世界各国的 GDP，可以在世界地图上用气泡表示，气泡的大小表示 GDP 的高低。气泡的颜色也可以自定义。

2. 着色地图

着色地图和气泡地图的制作过程基本一样，只是展现数据的方式不是使用气泡，而是使用颜色填充的方式，颜色越深表示数值越大。着色地图对位置信息的要求比气泡地图更严格，提供经纬度数据更容易正常显示，另外还需要把相应字段先设置地理信息分类，并选择和地理位置对应的层级，设置好以后，该字段前面会显示地球状的地理标识。以后无论使用何种地图可视化，推荐先按上述方式设置好地理信息的字段。着色地图在 Power BI Desktop 中总是无法正常显示，可以把数据导入 Power BI 在线服务，然后使用着色地图可视化工具使其正常展示出来。

3. ArcGIS Map

Power BI 内置的 ArcGISMap 是由 ESRI 提供的，所以第一次使用时会弹出 ESRI 使用条款对话框，单击"同意"即可。

使用 ArcGIS Map 可视化，看起来和气泡地图没有什么区别，但是选择编辑之后，各种强大的功能就会在其顶端展示出来。

◎ 任务实施

步骤 1：在"主页"选项卡的"外部数据"组中单击"获取数据"下拉按钮，如图 1-33 所示，在弹出的下拉菜单中选择"Excel"选项，如图 1-34 所示，导入 Excel 文件"客户资料（地域）"。

图1-33　获取数据　　　　　图1-34　"获取数据"菜单

步骤 2：在报表视图中新建"地图"对象，把"收货地址"字段拖曳到"位置"区域，"总金额"字段拖曳到"大小"区域，如图 1-35 所示。

步骤 3：设置完毕，系统自动绘制图形。

★★注意：绘制地图需要的时间长短与电脑配置高低有关。

步骤 4：设置筛选器，如图 1-36 所示，单击"应用筛选器"按钮，观察上海地区客户情况。

图1-35 设置地图对象

图1-36 设置筛选器

◎ 分析结论

（1）在全国范围内，公司客户主要分布在长三角、珠三角、北京、成都、重庆等地。

（2）上海地区客户主要分布在长宁区、闵行区等地。

同步实训

根据数字资源提供的数据做销售报表设计。

课程思政与素质目标

《孙子兵法·始计篇》有云："夫未战而庙算胜者，得算多也；未战而庙算不胜者，得算少也。多算胜，少算不胜，而况于无算乎？吾以此观之，胜负见矣。"意思是说：未战之前就能预料取胜的，是因为筹划周密，条件充分；未开战而估计取胜把握小，是具备取胜的条件少。条件充分的取胜就大，条件不充分的就会失败，何况一点条件也不具备的呢？我根据这些来观察战争，胜败也就清楚了。

跨国企业奥林巴斯成立于 1919 年，其业务以数码相机为主，其经营范围覆盖消化器官及外科内窥镜、生物及工业用显微镜、血液分析仪器等多个领域，销售网络遍布全球各地。

这样的一张跨国和跨产品的网络如何能够被整合起来呢？他们用的就是 BI。BI 是帮助企业管理层人员充分利用、收集和挖掘企业信息能实现更大的效益的信息化工具。

奥林巴斯运用 BI 的经验是一定要"与时俱进"。在第一次开发阶段，通过将现行业务转换构筑了新系统，提高了从各公司收集数据的效率及报表合并的速度，可以充分有效地进行信息公告，并且可以提供更为详细的审计线索信息，有效降低企业内部控制风险。在第二次开发阶段，奥林巴斯利用工具来制作资产负债表、损益表等各种报表，完成未实现利益的自动扣除、份额计算表，建构一种可以将在数据输入模式中调整过的信息作为详细信息立即反映出来的结构。目前，奥林巴斯株式会社可以轻松地进行实际数据的收集与分析工作。

商城如战场，企业在商业竞争中要取得优势，必须对大量的业务数据和信息进行细致而周密的"庙算"，才能避免企业活动的盲目性，把握好企业经营和决策的准确方向。商务数据的提取、整理、分析等操作，也是《孙子兵法》的思想精髓在现代企业运营中的应用。

现代素质教育理论认为：良好的学习方法有助于学生提高学习效率，掌握所学知识，也是学生终身学习的基础。在学习过程中，掌握科学有效的方法，将会高效地提高学习者的效率并获得更好的成果，每一个问题有很多不同的解决方法，学会探究更有效的解决问题的方法是学习的一项重要技能。

数据分析的过程中有很多可以利用的工具，"工欲善其事，必先利其器"，找到利器，能够更快、更好地解决问题，Power BI 则是数据分析中的一项重要利器。

项目 2
市场分析

引例

汉车行业一直以来都占据着我国经济市场的关键地位。随着我国汽车市场成为全球第一大汽车市场之后，国内汽车售后需求呈现巨大的缺口，在激烈的市场竞争下，汽车价位有所下降，普通消费者拥有一辆爱车已经不是奢望。除了买车，更多的消费者把心思放到了对自己爱车的装饰和养护上。汽车市场如何通过盈利点提高获利的空间？最快最有效的盈利点就是汽车用品，因为其投资小、见效快、获利高。很显然，企业的逐利行为使得汽车用品市场成为热点，可是汽车用品范围广、品种多，如何选对合适的产品市场是企业在进入市场之前必须认真分析和选择的重大问题。

数据分析的目的是把隐藏在一大批看似杂乱无章的数据中的信息提炼出来，通过对数据的整理、分析和思考，帮助管理层做出判断和决策。在现实分析的过程中，使用的数据集往往无法完全达到分析的需求，信息量不足是经常遇到的问题，此时首先采用"增维"的方法，根据需求建立度量值进行计算，将多个维度的数据进行组合比较后，最后将得到的信息用于解决分析的问题。

上述分析是电子商务企业定期要做的一项重要工作。电子商务企业定时采集行业数据，对经销的产品所在行业市场进行分析，这是电子商务企业的常态化工作之一。

任务拆解

上述案例其实就是市场分析的应用场景之一。通过对汽车行业数据的分析，让企业了解整个行业市场的基本情况，为帮助企业进入市场做准备，也为以后的市场竞争提供参考。

市场分析的目的是寻找市场机会，也帮助企业进行产品定位，它的内容很广泛，涉及的维度也很多，一般有市场规模、增长趋势、市场份额、竞争状况、市场机会、市场细分、用户画像、产品分析等。在本项目中，我们只分析市场规模和市场趋势两个维度，以 Power BI 作为工具来探索市场分析的方法，以交易金额、交易年增长率、月增长率等指标来拆解这两个维度，如表 2-1 所示。本项目以某企业店铺经营产品所在的行业数据表、维度表（行业数据类目）为例，并以日期表作为辅助展开分析。

表 2-1　市场分析项目的任务拆解表

项　　目	任　　务	数　据　指　标	主　要　作　用
市场分析	市场规模分析	交易金额	判断某行业产品的市场规模情况
	市场趋势分析	交易金额汇总、增长交易金额	判断某行业产品的市场趋势情况

任务 1　市场规模分析

市场规模是市场分析中的重要指标之一，一般指市场容量，是指在产品价格或供应商数量较为稳定的前提下，市场在一定时期内能够交易某种产品或服务的总额。

◎ 知识准备

一、市场分析

市场分析是根据已经获得的市场调查资料，运用统计原理分析市场及其销售变化。

从市场营销角度来看，市场分析是市场调查的组成部分和必然结果，又是市场预测的前提和准备过程。

市场分析是一门综合性科学，涉及经济学、统计学、经济计量学、运筹学、心理学、社会学、语言学等学科，已经成为现代企业管理人员不可缺少的分析技术。在大数据运用的加持下，市场分析有了更科学、更先进的武器。

狭义的市场分析就是市场调查研究。它以科学的方法收集消费者的购买和使用商品的事实、意见、动机等有关材料，并予以研究分析的手段。广义的市场分析就是对从生产者到消费者或用户这一过程中全部商业活动的资料、情报和数据，系统地进行收集、记录、管理和分析，以了解商品的现实市场和潜在市场。

市场分析的目的是了解市场现状，通过分析环境、竞品、用户等，从中寻找和研究潜在需求，看看项目未来能否盈利，如何盈利。在企业经营过程中，市场分析是对它所面临的市场供需变化的各种因素及其动态、趋势的分析。市场分析一般分为宏观因素分析和微观因素分析，落实到具体的分析指标上，指的是从宏观经济、竞争态势、行业的动态预测、行业的市场阶段、市场规模等几个方向进行分析。

二、市场分析的角度

1. 宏观因素

从宏观角度解读某个行业的经济发展状况，例如，我国努力在 2060 年前实现碳中和，优化产业结构和能源结构，符合这一目标的企业和行业才有政策支持和发展前景。

一般宏观因素可以用 PEST 模型来分析。

（1）P（Policy）代表政策，国家对这个行业有什么样的支持或牵制，例如，2020 年因为疫情的居家隔离政策，推动了在线教育蓬勃兴起；2021 年国家对 K12 的双减政策，又给学科教培行业带来毁灭性的打击。

（2）E（Economic）代表经济，经济因素直接决定了消费者的购买能力，对行业影响巨大。

（3）S（Social）代表社会，社会的风向标对民众影响巨大，直播行业利用粉丝经济使大 V 圈粉无数，利用互联网的流量变现，达到短时间收获大额财富的目的。

（4）T（Technology）代表技术，AI 技术、5G 技术等新技术的出现使商业、家居智能化，从根本上改变了人们的生活方式和习惯。

2. 竞争对手

竞争无时不在，无处不在；商场中的竞争更是关系到企业自身的利益。分析竞争对手的目的是了解对手，洞悉对手的市场策略等，一方面是完善自身，另一方面也是应对竞争的挑战。

比较成熟的分析方法可以用波特五力分析法，一般用于电商产品的竞争分析，更加契合交易的流程，从以下五个维度分析往往比较全面。

（1）供应商：上游的供货商，可以理解为电商平台的商家，是自己产业链的上游，例如，你自己在做服装行业，先分析供应商有什么样的布料厂、纽扣厂等，他们的经营情况如何，亏损还是盈利，他们的商业模式是什么样的，成本是多少，利润是多少等。

（2）购买者：一般指用户，在电商平台上买东西的用户。例如，可以分析购买者，看购买服装的人是白领还是学生等，他们有什么样的需求，比较看重价格还是质量，愿意付出多少时间和金钱等。

（3）潜在进入者：想进入这个行业却还未进入的公司，例如，一旦一个游戏火了，腾讯想要进入这个市场分一杯羹，那么这个游戏需要分析腾讯是什么样的公司，腾讯进入了会有什么结果，能抢占多少市场份额等。

（4）替代品：可以替代自己的线下或线上商家，需要考虑替代品能否全部替代自己，有没有自己的核心竞争力。

（5）同行：就是你的竞品，例如，淘宝和京东在功能和用户上有多少差距，各自有多少用户，未来发展方向等。

3．市场现状（市场生命周期）

产品是有生命周期的，不同行业、不同产品会有不同的阶段性。产品的生命周期一般可以分为导入期、发展期、成熟期和衰退期，行业处于不同的时期，面临的问题也不同。

（1）导入阶段：行业刚开始发展，这个阶段往往竞争对手较少，但也会有很大风险，未知的领域，未知的商业模式，能不能存活下去，一切都是未知。这个阶段要解决用户认知的问题，重点在于引流，通过推广和传播，让更多的用户了解新产品。

（2）发展阶段：行业处于向上发展阶段，这个阶段竞争对手是最多的，此时要解决用户转化的问题，重点在于运营。

（3）成熟阶段：行业用户数基本固定，在成熟的商业模式下，新进入的用户减少，此时要解决用户留存的问题，重点在于品牌建设，维系客户的忠诚度。

（4）衰退阶段：行业开始走下坡路，逐渐被新的产品取代，此时企业需要解决产品转型和创新的问题，为开始引入新的产品导入期做准备。

4．市场规模

市场规模（Market Size）即市场容量。市场规模主要研究目标产品或行业的整体规模，可能包括目标产品或行业在指定时间内的产量、产值等，具体根据人口数量、人们的需求、年龄分布、地区的贫富度调查所得的结果。

如果市场规模要量化表达，则可以用产量、产值表示，这些数据一般是产品用户数、产品付费人数、支付销售额等；还可以用一些竞品之间的数据分析对比，从每个阶段中获得不同的数据，从而体现不同的市场态势。

5．微观因素

1）用户研究

在市场分析中，更多的是根据一些用户特征做出用户画像，根据用户特征区分用户，包括年龄、性别、职业。

例如，网易云音乐的用户多为 15～22 岁的青年，男性和女性都有，女性居多，多为热爱音乐、情感细腻、感性文艺的青年。而就音乐风格来说，古典乐的受众中，金融行业人士居多，因为古典乐更能代表他们的不失格调、优雅、有品质且与众不同。

2）企业自身

一般用 SWOT 分析方法对企业自身分析。

- S 是优势，是企业的内部因素，具体包括：有利的竞争态势、充足的财政来源、良好的企业形象、技术力量、规模经济、产品质量、市场份额、成本优势、广告攻势等。例如，微信在熟人社交领域无人能敌，流量基本垄断，那么流量就是微信的优势，如果利用这个优势发出任何东西，如小程序，就会一呼百应。
- W 是劣势，是企业的内部因素，具体包括：设备老化、管理混乱、缺少关键技术、研究开发落后、资金短缺、经营不善、产品积压、竞争力差等。
- O 是机会，是企业的外部因素，具体包括：新产品、新市场、新需求、外国市场壁垒解除、竞争对手失误等。例如，无人驾驶的国家政策支持。
- T 是威胁，是企业的外部因素，具体包括：新的竞争对手、替代产品增多、市场紧缩、行业政策变化、经济衰退、客户偏好改变、突发事件等。

6. 商业模式

商业模式这一名词出现的频率很高，但是关于它的定义仍然没有一个权威的版本。

商业模式是指为实现各方价值最大化，把能使企业运行的内外要素整合起来，形成一个完整的、高效率的、具有独特核心竞争力的运行系统，并通过最好的实现形式满足客户需求、实现各方价值（各方包括客户、员工、合作伙伴、股东等利益相关者），同时使系统达成持续盈利目标的整体解决方案。商业模式的核心由三个部分组成：创造价值、传递价值、获取价值。它们是环环相扣的闭环，三者缺一不可，少了任何一个，都不能形成完整的商业模式。

在这里，我们把商业模式理解为电商平台的变现方式。

（1）商品服务变现：天猫商城、京东商城，还有一些流量大的 App，如 Keep 里的运动商城，利用流量多的优势，通过自营商城或平台贩卖物品，达到盈利的目的。

（2）流量变现：指将网站流量通过某些手段实现现金收益；在互联网行业，有这样一个公式，用户=流量=金钱，要实现流量变现十分重要的就是有足够的流量。网站流量指网站的访问量，用来描述访问一个网站的用户数量及用户浏览的页面数量等指标。流量变现的方式多种多样，直播里面的打赏和竞猜、平台上的广告链接、知识付费；利用边际效应递减的特性，流量越多，变现的方式越层出不穷。

三、市场规模分析

市场规模主要研究一个市场或行业的大小，通常用金额来计算规模。

简单来讲，可以理解为在一定时间内，一个（类）产品或服务在某个范围内的市场销售额。市场销售额有时间维度限制，一般限制在一年内。

在这个案例中，市场规模的数据是指"加购次数""加购人数""交易金额""客单价""浏览量""支付人数"等度量形成的一个象征指标。

1. 与市场规模相关的概念

（1）市场份额（Market Share）：一个市场可能被一个或多个企业占据或分割。如果一家企业在一个市场中独大，那么市场的规模就是这家企业的规模；若一个市场被少数几家企业控制，则为寡头垄断市场，这几家企业的规模相加就是整体市场规模；若一个市场被无数家企业控制，则为完全竞争市场，无数家企业的规模构成了市场的总规模；每家企业的规模占总市场规模的比重称为市场份额。

（2）市场集中度（Concentration Ratio，CR）：又称行业集中度，是指某行业的相关市场内前 n 家最大的企业所占市场份额的总和，是对整个行业的市场结构集中程度的测量指标，用来衡量企业的数目和相对规模的差异，是市场势力的重要量化指标，可以用 CRn 表示，例如，CRn5 或 CRn10 分别代表前 5 家或前 10 家企业的市场份额之和。

CRn 高的行业被看作高市场集中度的行业，比如互联网广告、汽车和手机行业；快速消费品等行业被看作典型的市场集中度低或分散的行业。

（3）市场增长率（Market Growth）：是指产品或劳务的市场销售量或销售额在比较期内的增长比率，用公式表示：市场增长率=[比较期市场销售量（额）-前期市场销售量（额）]/前期市场销售量（额）×100%。目前的市场规模只能代表现在，未来市场规模的预判可以通过计算市场增长率来推测。如果一个行业目前的市场规模不大，但预测未来会有很高的增速，会出现爆发式增长，这样的行业或市场会被看作非常具备发展前景的行业。

2. 市场规模分析的意义

1）用于判断一个企业是否要进入新行业

一个企业是否进入一个行业要综合考虑各项因素，比如市场规模、市场增速、竞争格局、宏观经济环境、国家政策、法律规定、技术环境等。市场规模和市场增速是判断一个企业进入一个行业或市场的第一步。

2）用于判断一个企业的营收或利润的上限

市场规模决定了一个企业规模的上限，只有市场规模足够大，一个企业才有更大的可能把流水和收入做大，从而获取足够的利润。市场规模测算也用于一个企业制定自己的收入目标，判断自己业务未来的上限在哪里：企业的上限=行业规模×市场增速×MAX（企业市场份额）。

3）用于判断一个企业在市场中的竞争力

通过市场增速和市场份额也可以判断一个企业在整体市场中的竞争力，进一步帮助企业辨别其在市场中所处的竞争优势和劣势，结合外部的机遇和威胁（即 SWOT 分析）制定企业发展策略。

3. 市场规模分析的方法

可以从供给端或需求端两个思路来测算市场规模，如图 2-1 所示。

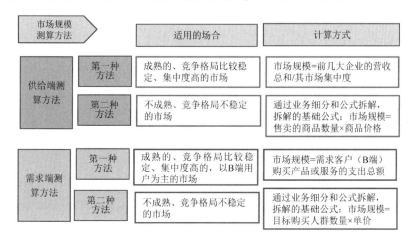

图2-1　市场规模测算方法

（1）供给端：也就是从提供产品和服务一方的角度出发去测算市场规模，根据行业的成熟度和竞争格局的不同，有两种测算方法。

第一种方法：在一个成熟的、竞争格局比较稳定、市场集中度高的市场，市场规模=前几大企业的营收总和/其市场集中度。

第二种方法：在不成熟的、竞争格局不稳定的市场，需要通过业务细分和公式拆解方法，将规模利用公式的形式进行层层拆解，拆解的基础公式是，市场规模=售卖的商品数量×商品价格

（2）需求端：也就是从购买产品和服务一方的角度出发去测算市场规模，根据行业的

成熟度和竞争格局的不同，也有两种预测方法。

第一种方法：在成熟的、竞争格局比较稳定、市场集中度高的、以 B 端客户为主的市场，市场规模=需求客户（B 端）购买产品或服务的支出总额。

第二种方法：在不成熟和竞争格局不稳定的市场，与供给端一样，需要通过业务细分和公式拆解方法，拆解的基础公式是，市场规模=目标购买人群数量×单价。

四、智能型企业

智能型企业也称随需应变的企业，在电子商务时代，无论企业的规模大小，都需要对瞬息万变的市场做出及时、高效的反应，而这些反应都是建立在全面、准确、及时的市场信息基础之上的，因此企业需要学会在行业市场中寻找有价值的信息。

五、认识 DAX

1．DAX 的含义

DAX 全称 Data Analysis Expressions，即数据分析表达式，是一门函数语言。Power BI 的前身是 Excel 中的 Power Query 和 Power Pivot，Power Query 主要用于数据清洗，使用的是 M 函数，而 Power Pivot 使用的是 DAX 函数，主要用于数据建模。

DAX 是一种函数语言，类似于 Excel 中的函数，可以包含嵌套函数、条件语言和值引用等，可用于处理字符串、使用日期和时间执行计算或创建条件值。DAX 的执行是从内部函数或参数开始逐步向外计算的。DAX 公式需要单行书写，不能像编程语言一样进行换行，因此函数的格式很重要。

DAX 公式与 Excel 公式非常相似，要创建 DAX 公式，需要先输入一个等号，后面跟着函数名或表达式，以及所需的任何值或参数。熟悉 Excel 的用户会觉得 DAX 中的很多函数与之类似，但 DAX 函数在以下几个方面具有独一无二之处。

（1）DAX 函数始终引用完整的列或表，而不会采用单元格或单元格区域作为引用。如果仅想要使用表或列中的特定值，则可以向公式中添加筛选器。

（2）如果想要逐行自定义计算，Power Pivot 可提供允许使用当前行值或相关值执行计算的函数。

（3）DAX 包含一类函数，此类函数返回表作为其结果，而不是返回单个值。这类函数可用于向其他函数输入数据，以便计算整个表或列的值。

（4）一些 DAX 函数提供"时间智能"，通过该功能可以使用有效日期范围创建计算，并比较并行时间段内的结果。

学会了 DAX 函数，可以在 Excel/Power BI/SSAS（微软推出的另外一个产品：表格模型）三者之间方便切换，从而实现从自助 BI 向企业级 BI 的突破。

2．DAX 函数的主要类型

DAX 包含一个超过 200 个函数、运算符和构造的库，在创建公式时具有很大的灵活性，利用 DAX 可以计算几乎满足任何数据分析需求的结果。

DAX 的函数主要类型分为：日期和时间函数、时间智能函数、筛选器函数、信息函数、逻辑函数、数学和三角函数、父/子函数、统计函数、文本函数及其他函数。本书结合项目案例，逐步介绍常用函数的具体使用。

（1）日期和时间函数是针对日期和时间进行计算的函数。DAX 中的日期和时间函数类似于 Excel 中的日期和时间函数，但 DAX 函数使用日期/时间的数据类型，可以将列中的值作为参数。常用的函数有 DATE、DAY、NOW、TODAY、WEEKDAY、YEAR 等。

（2）时间智能函数是针对时间段进行计算的函数。DAX 能够使用时间段（包括日、月、季度和年）对数据进行操作，然后生成并比较对这些时间段的计算，从而支持商业智能分析的需求。常用的函数有 TOTALMTD、STARTOFYEAR、DATESBETWEEN、PREVIOUSDAY 等。

（3）筛选器函数是帮助用户返回特定数据类型，在相关表中查找值及按相关值进行筛选的函数。DAX 中的筛选器函数是十分复杂且功能强大的函数，与 Excel 的查找函数有很大的不同。查找函数通过使用表和关系（类似数据库）来工作。筛选器函数支持通过操作数据上下文创建动态计算。常用的函数有 FILTER、CALCULATE、DISTINCT、EARLIER、RELATED 等。

（4）信息函数查找作为参数提供的单元格或行，并且指示查找的参数值是否与预期的类型匹配。例如，如果引用的值包含错误，则 ISERROR 函数返回 TRUE。常用的函数有 ISERROR、ISBLANK、ISNONTEXT、ISNUMBER、ISTEXT 等。

（5）逻辑函数对表达式执行操作，以返回表达式中有关值或集的信息。例如，通过 TRUE 函数可以了解正在计算的表达式是否返回 TRUE。常用的函数有 IF、AND、NOT、OR、SWITCH、IFERROR 等。

（6）数学和三角函数是针对数学计算的函数。DAX 中的数学函数与 Excel 中的数学函数和三角函数非常相似，但二者使用的数值数据类型存在一些微小的差异。常用的函数有 ABS、INT、SUM、ROUND、RAND 等。

（7）父/子函数帮助用户管理数据模型中以父/子层次结构显示的数据。DAX 提供了多个函数，可帮助用户管理在其模型中显示为父子层次结构的数据。用户可以使用此函数获取一行中的所有父级。例如，到顶端父级有多少级别，谁是当前行中的第 n 级父级，谁是当前行层次结构中从顶部开始的第 n 个后代，以及判断某些父级是否是当前行层次结构中的父级等。常用的函数有 PATH、PATHITEM、PATHCONTAINS 等。

（8）统计函数用于创建聚合（如求和、计数和求平均值）的函数。DAX 中的统计函数与 Excel 中的同类函数相似。除了求和、求平均值或查找最小值和最大值，还可以通过 DAX 在聚合之前筛选列或基于相关表创建聚合。常用的函数有 SUM、AVERAGEA、COUNT、MAX、MIN、COUNTA、SUMX（以及其他 X 函数）等。

（9）文本函数是针对文本进行操作的函数。DAX 中的文本函数与 Excel 中的同类函数相似，可以返回部分字符串、搜索字符串中的文本或连接字符串。DAX 还提供了用于控制日期、时间和数字格式的函数。常用的函数有 LEN、BLANK、UPPER、SEARCH、REPLACE 等。

（10）其他函数指的是其他无法归为上述类别的函数。常用的函数有 DATATABLE、ERROR、UNION 等。

六、本项目使用的函数说明

1. SUM 函数

函数功能：返回某一单元格区域中数字、逻辑值及数字的文本表达式之和。

函数语法：SUM(列名)。

2. DATEADD 函数

函数功能：按单位指定间隔移动后的日期。

函数语法：DATEADD(日期,间隔,单位)。

3. CALCULATE 函数

函数功能：在筛选器修改的上下文中对表的表达式进行求值。

函数语法：CALCULATE(表达式,筛选器,[...筛选器])。

4. DIVIDE 函数

函数功能：除法，能处理被 0 除的情况。

函数语法：DIVIDE(分子,分母)。

◎ 任务实施

步骤1：选择"行业数据"表，在"主页"选项卡的"计算"组中选择"新建度量值"选项，如图 2-2 所示。

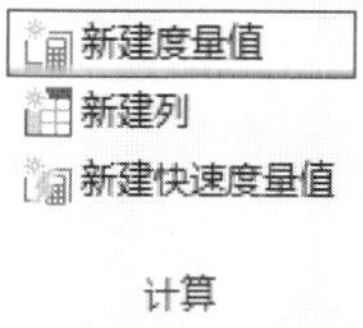

图2-2 新建度量值

步骤2：在弹出的公式输入框中输入表达式：S访客数汇总 ＝sum('行业数据'[访客数])，如图 2-3 所示。

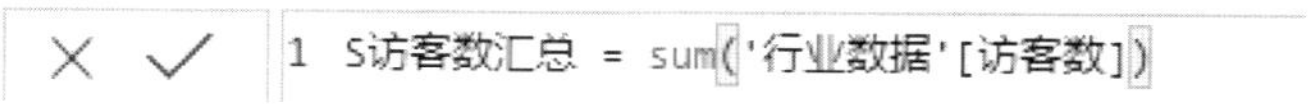

图2-3 计算访客数总量

★★注意：

DAX 的公式包括组成公式的各种元素和公式的编写方式。以步骤 2 中创建一个度量值的简单 DAX 公式为例：S访客数汇总 ＝sum('行业数据'[访客数])。

- S访客数汇总是自定义的度量值名称。
- ＝是等号运算符，表示公式的开头，完成计算后将返回结果。
- sum 是 DAX 求和函数。
- ()用于括住包含一个或多个参数的表达式。
- '行业数据'是引用的表，此例为"行业数据"表。
- [访客数]是引用表中的引用列，此例为"行业数据"表的"访客数"列，使用此参数，sum 函数就知道在哪一列上求和。

将以上 DAX 公式转换成语言，其含义为：计算"行业数据"表中的"访客数"列所有值的总和，将其结果放在"S访客数汇总"的度量值中。

步骤3：添加新的度量值。

S加购次数汇总 ＝sum('行业数据'[加购次数])

S加购人数汇总 ＝sum('行业数据'[加购人数])

S交易金额汇总 ＝sum('行业数据'[交易金额])

S客单价汇总 ＝sum('行业数据'[客单价])

S 浏览量汇总 ＝ sum('行业数据'[浏览量])

S 支付人数汇总 ＝ sum('行业数据'[支付人数])

Y 增长交易金额 ＝ VAR __PREV_YEAR = CALCULATE([S 交易金额汇总], DATEADD('日期表'[日期], -1, YEAR))

RETURN DIVIDE([S 交易金额汇总] - __PREV_YEAR, __PREV_YEAR)

M 交易金额增长 ＝ VAR __PREV_MONTH = CALCULATE([S 交易金额汇总], DATEADD('日期表'[日期], -1, MONTH))

RETURN DIVIDE([S 交易金额汇总] - __PREV_MONTH, __PREV_MONTH)

★★注意：

（1）这里列出的常用的度量值，本项目不全用。

（2）公式说明如下。

- Y 增长交易金额：是自定义的度量值。

- VAR __PREV_YEAR：定义变量__PREV_YEAR。

- DATEADD('日期表'[日期], -1, YEAR)：在"日期表"的日期列，指定以年为单位，移动-1 后的日期。

- CALCULATE([S 交易金额汇总], DATEADD('日期表'[日期], -1, YEAR))：按筛选的日期对[S 交易金额汇总]计算。

- DIVIDE([S 交易金额汇总] - __PREV_YEAR, __PREV_YEAR)：执行除法运算([S 交易金额汇总] - __PREV_YEAR)/__PREV_YEAR，同时处理被0除的情况。

- RETURN：返回值。

公式 Y 增长交易金额 ＝ VAR __PREV_YEAR = CALCULATE([S 交易金额汇总], DATEADD('日期表'[日期], -1, YEAR))的含义：按年计算交易金额的增长率，计算结果返回到名为"Y 增长交易金额"的度量值中。

公式 M 交易金额增长 ＝ VAR __PREV_MONTH = CALCULATE([S 交易金额汇总], DATEADD('日期表'[日期], -1, MONTH))含义：按月计算交易金额的增长率，计算结果返回到名为"M 交易金额增长"的度量值中。

步骤 4：新建簇状条形图，将"维度"表的"二级类目"字段拖曳到"轴"区域，将"行业数据"表的"S 交易金额汇总"拖曳到"值"区域，如图 2-4 所示。

步骤 5：单击簇状条形图格式按钮，关闭 X 轴；单击 Y 轴下拉按钮，在 Y 轴设置中，关闭 Y 轴标题；打开数据标签，如图 2-5 所示。

步骤 6：设置簇状条形图对象标题，将标题文本设置为"二级类目市场规模"，对齐方式为居中，如图 2-6 所示。

图2-4　新建簇状条形图对象

图2-5　对象设置

图2-6　标题设置

步骤 7：设置完毕，显示结果如图 2-7 所示。

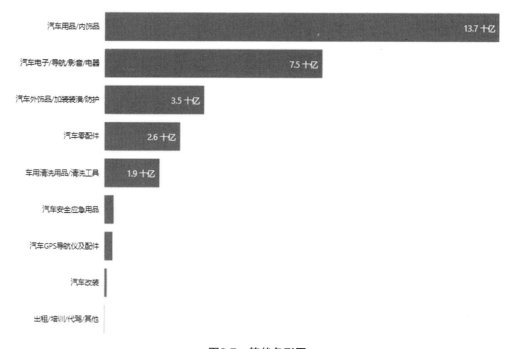

图2-7　簇状条形图

步骤8：新建切片器对象，将"日期"表"年"字段拖曳到"字段"区域，如图 2-8 所示。

步骤9：将切片器显示改为"列表"形式，选择对象格式按钮，设置"方向"为"水平"，如图 2-9 所示。

图2-8　新建切片器对象

图2-9　切片器设置

步骤10：选择切片器中"年"选项，可以观察不同年份的二级类目市场规模，如图 2-10 所示。

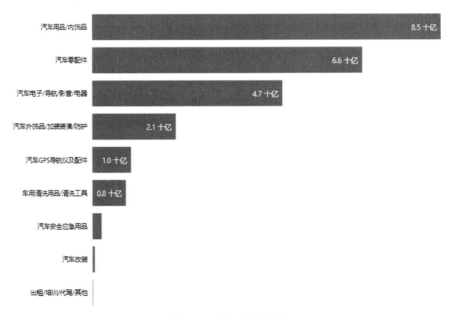

图2-10　观察市场规模

◎ 分析结论

汽车用品行业 2019 年 8 月份之前市场规模超过 299 亿，二级类目汽车用品/内饰品在本行业中的市场规模最大，占主导地位，其次是汽车零配件、汽车电子/导航/影音/电器、汽车外饰品/加装装潢/防护等产品，其中汽车电子/导航/影音/电器市场规模增长迅速。

任务 2 市场趋势分析

市场趋势就是市场运行的方向。市场并不是直线式地上升或下降，在一般情况下，市场的运行轨迹就像一系列前赴后继的波浪，出现明显的波峰与波谷。市场趋势分析就是指运用数据指标，对市场的需求和某些商品销售趋势进行估计和预测。

◎ 知识准备

一、市场趋势分析

市场趋势分析是指运用科学方法，对市场的需求和某些商品销售趋势进行估计和预测。它是决定拟建项目是否有建设必要和生产规模的关键因素。按分析范围划分，可以分为宏观市场趋势分析和微观市场趋势分析。宏观市场趋势分析从本国国情出发，从总体上对市场上投放的全部商品总的需求趋势进行预测分析，它是国家制定社会和经济发展规划及有关方针政策的重要依据之一。微观市场趋势分析是对个别商品的供求趋势进行预测分析，它是企业和主管部门制定生产、经营计划的重要依据之一。

二、BI 的数据架构

商务智能（以下简称 BI）融合了先进的信息技术、创新管理理念，对企业内外的数据进行加工，提取创造商业价值的信息，服务于管理层、业务层，帮助企业进行经营决策，提升企业的竞争力，促进信息到知识再到利润的转变。

BI 的数据架构从数据采集开始到最终的应用层结束，应用层大多数是由 BI 报表承载的，我们熟知的数据产品也是 BI 报表的一种展现形式，如图 2-11 所示。

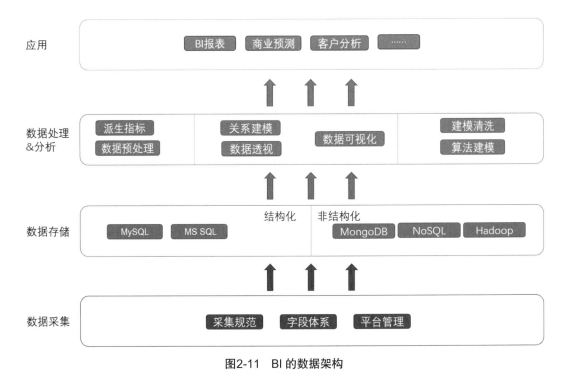

图2-11　BI 的数据架构

（1）数据采集：确定要采集的数据字段，采集的周期、采集的规范等细节。

（2）数据存储：结构化的表存储在结构化的数据库中，如 MySQL、MS SQL 等。图片、音频等非结构化的数据则存储在非结构化的数据库中，如 MongoDB、NoSQL、Hadoop 等。

（3）数据处理&分析：包括数据预处理、算法建模、统计分析（关系建模、数据透视、数据可视化）等内容，是商务数据分析的主要工作、核心工作。

- 数据预处理：区别于建模前的数据清洗，将数据处理成结构化的数据，这是分析前做的准备。充分理解指标，还需要计算出新的（派生）指标。
- 统计分析：包含描述性统计分析和数据理解，通过对字段的变换透视、可视化来理解数据。如果面对多张有关联的表，还要建立关系模型，全方位地分析数据。
- 算法建模：算法建模不同于关系建模，算法模型来自应用数学学科，是基于数学方法将显示问题抽象成数学问题并予以解答的，在建模前需要对数据进行变换，让数据符合算法预设的结构和类型。

（4）应用：业务人员基于 IT（互联网技术）、DT（数据技术）部门设计好的数据产品进行实务操作应用，如 BI 报表、商业预测和客户分析等。

三、维度和指标体系

数据分析其实就是维度和指标的切换，了解维度和指标的体系有助于理解分析的思路。

电商的指标体系有多种分类方法，基本的分类方法是将指标划分成流量、转化、销售和服务；将维度划分成产品、店铺、渠道和人群，如图 2-12 所示。

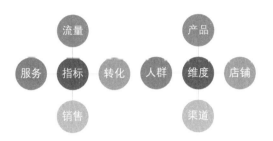

图2-12 维度和指标体系

维度和指标相结合，可以得到如表 2-2 所示的 16 个分析粒度。

表 2-2 分析粒度表

维度＼指标	流　量	转　化	销　售	服　务
店铺	店铺流量	店铺转化	店铺销售	店铺服务
产品	产品流量	产品转化	产品销售	产品服务
渠道	渠道流量	渠道转化	渠道销售	渠道服务
人群	人群流量	人群转化	人群销售	人群服务

（1）对店铺流量、转化、销售和服务进行分析，掌握店铺的运营细节，挖掘销售增长点。

（2）对产品流量、转化、销售和服务进行分析，洞察每个产品的表现情况，有助于调整产品的市场战略。

（3）对渠道流量、转化、销售和服务进行分析，洞察渠道的效果，有助于优化渠道策略。

（4）对人群流量、转化、销售和服务进行分析，洞察不同人群的喜好情况，有助于调整广告营销策略。

◎ 任务实施

步骤 1：创建折线和簇状柱形图，将"日期"表的"日期"拖曳到"共享轴"区域，将"行业数据"表"S 交易金额汇总"拖曳到"列值"区域，将"Y 增长交易金额"拖曳到"行值"区域，如图 2-13 所示。

图2-13　创建折线簇状柱形图对象

步骤2：按年显示结果，如图2-14所示，单击"展开层次结构中所有下移级别"按钮，可按季度、月份、日显示结果，最终结果如图2-15所示。

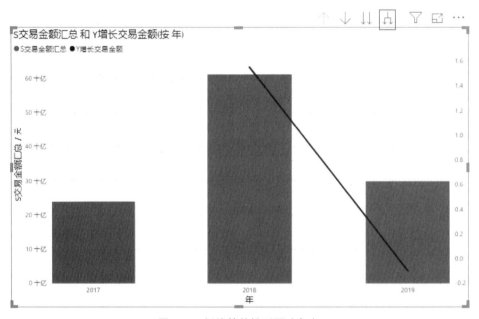

图2-14　折线簇状柱形图（年）

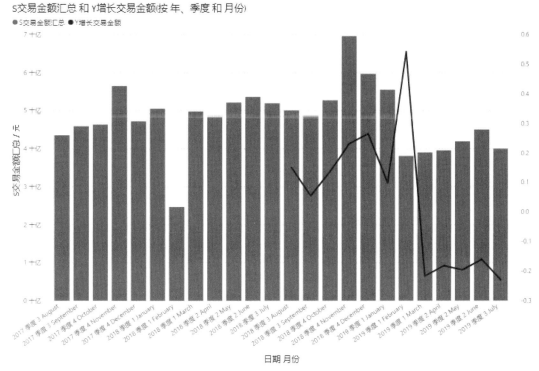

图2-15 折线簇状柱形图（月份）

步骤 3：对图形进行格式化，单击格式按钮，将图形"标题文本"更改为"二级类目交易走势图"，"对齐方式"设置为"居中"，如图 2-16 所示，关闭 X 轴、Y 轴标题，如图 2-17 所示。

图2-16 设置标题格式

图2-17 设置坐标轴标题

步骤 4：创建切片器对象，将"二级类目"拖曳到"字段"区域，如图 2-18 所示。

步骤 5：设置切片器对象格式，在"常规"区域设置"方向"为"水平"，如图 2-19 所示。

图2-18 创建切片器对象

图2-19 设置切片器格式

步骤 6：通过单击切片器右上角的"清除选择"按钮可以取消选择，单击"选择切片器类型"按钮，可以将切片器的形式改为"列表"或"下拉"，如图 2-20 所示。

图2-20 切片器的形式

步骤 7：选中需要修改格式的度量值"Y 增长交易金额"，然后在"建模"选项卡的"格式设置"组中调整格式为"%"，如图 2-21 所示。

图2-21 设置度量值格式

步骤 8：通过切片器可以直观地观察二级类目产品的交易走势，如图 2-22 所示。

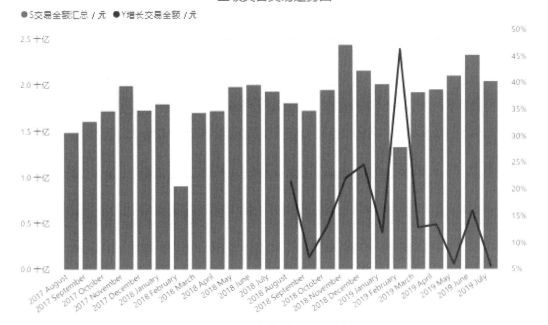

图2-22　通过切片器观察交易走势

◎ 分析结论

（1）汽车用品行业整体呈下降趋势，2019年7月同比下降约23%。

（2）二级类目汽车用品/内饰品、车用清洗用品/清洗工具、汽车电子/导航/影音/电器市场趋势良好。

（3）虽然汽车改装、汽车安全应急用品销售额相对较小，但增长趋势明显，有可能成为该行业黑马。

同步实训

根据数字资源中提供的实训数据，对该行业的三级类目产品做市场规模及市场趋势分析。

课程思政与素质目标

习近平总书记系列重要讲话蕴含的一个重要思想和工作方法，那就是"观大势，谋全局"，既体现了辩证唯物主义和历史唯物主义的思想方法和工作方法，也体现了中国传统文化和传统哲学的思维方法，有着鲜明的中国特色、中国风格、中国气派。

习近平总书记说的观大势，就是要有历史眼光和全球视野，把党和人民的事业放到历史长河和全球视野中来谋划，把握方向、掌握主动，抓住机遇、顺势而为，因势利导、化危为机，更好地推动事业发展。

"观大势，谋全局"，运用到市场经营和企业管理中，就是要在市场分析中，审时度势，要牢牢把握市场的发展方向和行业动态，可以利用调查分析和数据分析的方法，通过分析市场态势，掌握企业的主动权，在未来的发展中抓住机遇、顺势而为。

项目 3
销售分析

引例

随着信息技术的不断发展，大数据、互联网、云技术的出现使得电商企业云集，也使得电商领域的竞争异常激烈，各大电商都希望能够在其领域"跑马圈地"。亚马逊作为一家老牌网上书店，如今已经发展成为一个大型网络电商公司，在这场竞争中亚马逊找到了自己的营销利器，为自己开辟了全新的战略前景，这一营销利器便是大数据。如今，亚马逊已经在图书领域、生鲜领域、消费电子领域等多有涉猎，亚马逊的创始人贝佐斯还希望能够在更多的领域"开疆拓土"，致力于打造大数据生态圈。

预测式发货便是"开疆拓土"的一个部分。所谓预测式发货即在用户还没有下单购物前就已经提前发出包裹，通过预测式发货可以缩短发货时间，从而减少消费者前往实体店的行动。其实，这个项目的突出依据是从下单到收货之间的这段时间内，由于时间的延迟，很可能造成消费者购物意愿的不坚定甚至导致消费者购物意愿改变，从而放弃网购。因此，亚马逊根据之前积累的大量订单及其他因素的数据，通过深入分析获知普遍用户的购物习惯，从而对营销策略进行变革，从传统的先购物下单再送包裹转变为其特有的下单前就为用户寄送包裹的营销模式。在这种营销模式下，虽然包裹会提前发出，但是用户在正式下单前，货物会寄存在快递公司的转运中心。亚马逊利用大数据的全新预测式物流系统扩大了仓储的网络覆盖范围，更重要的是极大地缩短了配送时间。

虽然由于诸多因素，亚马逊于 2019 年 7 月 18 日宣布停止中国电商服务，并在其后 90 天内关闭配送服务，但它自从 2004 年以收购卓越网高调进军国内市场，其巅峰时期的国内电商业务市场份额曾达到 20%，年销售额高达约 70 亿美元，能够取得这样辉煌的成绩，亚马逊的预测式物流功不可没，这种方式实现了短时内精准送达，不但提升了客户体验，而且提升了公司的美誉度，也增加了销量和整体营收额，也正是如此，亚马逊才创造了营销奇迹。

任务拆解

通过对现有销售数据的分析让企业了解产品销售的基本情况，并对未来的销售走势做出预判并形成相应的对策。

对于零售或电商企业，决策者对产品销售的预判对企业的发展起到关键性的作用。企业定期对开展的营销活动进行分析，有助于决策者根据市场环境进行有效的决策，避免决策失误。

电商企业可以根据运营需要，针对现有的数据构建销售分析报告，数据分析师们利用高效的工具对数据进行分析建模，再提供分析报告，供决策者从中洞察商业信息和把握市场先机。

通过对现有销售数据的分析帮助企业了解以往的产品销售的情况，为企业了解市场趋势、制定产品策略、确定产品价格提供参考。销售分析一般会考虑价格、成交量、品牌等指标，因此该项目围绕销售分析的需求拆解成如表 3-1 所示的三个任务，分别是同环比分析、品牌集中度分析、价格带分组分析。本项目以某企业店铺销售孕妇营养品、孕妇枕、护腰枕等数据为例展开分析。

表 3-1　销售分析项目的任务拆解表

项　　　目	任　　　务	数　据　指　标	主　要　作　用
销售分析	同环比分析	成交量、同环比	判断市场增长趋势
	品牌集中度分析	销售额指数、累积百分比	判断市场品牌情况
	价格带分组分析	预估销售额、售价	判断市场价格分段

任务 1　同环比分析

在做销售分析时，首先需要了解这个项目在这个行业中的容量占比，以及近两年的市场增长趋势。最常用到的数据分析思维就是"对比"，当两个数据放在一起进行对比时才能看出二者的差别。

通过计算其成交量的同环比增长，可以清楚地了解这个市场的增长趋势。可以用 Power BI Desktop 中的 DAX 语言计算同比、环比。DAX 即数据分析表达式，是一种函数语言，通过使用其内存中的引擎和高效的压缩算法，能以非常高的性能处理大型数据集，处理数百万行的性能和处理几百行的性能基本相同。

◎ 知识准备

一、销售分析

销售分析是销售管理中的一部分，而销售管理是市场营销管理中的一个重要组成部分。根据美国印第安纳大学达林普教授的观点，销售管理是计划、执行及控制企业的销售活动，以达到企业的销售目标。销售管理可以借鉴很多方法和工具实现不同的目标，利用数据分析的方法，可以帮助企业洞悉销售数据背后隐藏的秘密。

销售分析是将销售目标和实际销售情况放在一起进行衡量、评价。这一分析可以通过销售差异分析和微观销售分析来完成。

二、销售数据分析

销售数据分析主要用于衡量和评估管理层所制定的销售计划目标与实际销售之间的关系，可以采用销售差异分析和微观销售分析两种方法。销售差异分析主要用于分析各个不同的因素对销售绩效的不同作用，如品牌、价格、售后服务、销售策略。企业所需要的真正有价值的销售数据必须依托企业内外部所有销售环节上的成员，共同将商品真实的动销数据进行收集、反馈、决策、执行、评估和预测。

一般来说，企业分析销售数据主要有两个目的，一个目的是对销售情况的整体把控，看看销售目标是否达成，通常看的就是销售日报或周报，监控数据是否异常以便及时发现问题。另一个目的就是对特定性问题的分析，比如为了提升销售额做的产品对比分析，渠道对比分析，退货量对销售的影响等分析，通过数据分析解决业务问题。

三、销售数据分析的常用方法

数据分析首先要找到分析的维度，假设从产品和客户两个维度展开分析。

产品：每个产品的重点关注对象，包含销售、价格、库存、促销、占有率等。从这些对象中可以找出问题点和问题客户。

客户：企业以客户为中心，在大数据背景下，客户分析更是重中之重，客户分析可以结合区域，分析哪些客户业绩异常，并找出真实原因。

销售数据分析有以下方法。

1．销量分析法

一般来说，最简单的数据分析就是销售任务是否完成，完成率是多少。除此之外，业绩达成情况包含以下数据。

（1）当日数据：如果当日销售存在的问题需要进行分析，当日数据仅供参考。

（2）基础数据：月累计销售完成进度，与时间进度对比。

（3）发货数据：一般企业很容易忽视这个数据。从发货数据能分析出物流、库存、周转率的问题。所以，搞清楚发货客户的数量和发货次数很重要，摸清客户发货量降低的原因，同时综合优化物流成本，这个数据可以用于每月或每季度分析。

2．对比分析法

通过对两种相近或相反事物的对比，寻找事物的异同，并思考其本质与特性。对比分析法运用于企业经营，可以指导企业采取正确的市场策略。

1）同比的用法

同比指的是对历史同期数据进行比较。比如，2017 年 3 月和 2016 年 3 月是同期时段，将这两个时段的数据进行对比，就是同比。

环比指的是对相邻两月（期）数据进行比较。比如，2017 年 5 月和 2017 年 4 月是相邻两月时间段，将这两个时间段的数据进行对比，就是环比。

同比和环比是描述数据变动的方法，但其侧重点不同。同比侧重于反映长期的大趋势，而环比突出显示数据的短期趋势，一般会受到突发事件、季节等因素的影响。

计算公式如下：

同比增长率=（本期数-同期数）/同期数×100％。

环比增长率=（本期数-上期数）/上期数×100％。

一般在产品销售分析中，同比是最常用的。但是，同比有时也会蒙蔽事实。比如，2016 年 3 月份销售 1000 部手机，2017 年 3 月销售 1200 部手机，同比增加 200 部手机，同比增长率 20%。但是，如果行业市场整体同比提升 30%，这就有了差距。所以同比务必和行业市场的数据项对比。

2）环比的用法

在市场分析中，环比不太常用，因为销售和季节性有很大关系，都存在波峰和波谷。所谓"金九银十"都是有道理的，服装、食品、电子产品等大多数产品都有季节性差异，所以，一般同比才有参考意义。

不过，环比并不是没有用处，如果月环比的季节因素太大，就可以做周环比，周与周的环比有一定的参考性，前提是周与周之间不能存在节假日。比如，十月第一周是黄金周，和十月第二周做环比，也是不合适的。

3）竞争对手的对比分析

竞争对手的概念比较广泛，可以从不同的角度划分竞争对手。从市场方面看，企业的竞争者有品牌竞争者、行业竞争者、需要竞争者和消费竞争者。从原则上看，只要是同行的品牌，都是竞争对手。但是，需要聚焦目标，寻找眼前的竞争品牌，能伸手抓得住的竞争品牌，且销售大于自身企业30%的品牌，这个就是核心的、需要盯紧的竞争对手。

找到竞争对手了，对比什么呢？原则上，企业所有销售数据都要有竞争对手的对比，只有这样，才能知己知彼百战百胜。

4）产品销售的结构分析

产品的销售数据维度很多，可以从价位分析、库存调整等方面了解重点产品销售情况。同时，对于公司重点产品进行全面分析，从而找出存在的问题，并提出建议。在进行产品数据对比和分析时，最好不要提产品本身的问题，比如对于手机而言，如果抱怨手机屏幕小、内存小等问题，容易把销售额不好的情况怪罪成厂家和产品本身。

3．费用分析法

投入产出比简称 ROI（return on investment）。

投入产出比 = 产出总收入/总成本×100%。

通过费用分析法可以给企业做出诊断，往往通过费用分析法可以发现企业中的一些问题，从而未雨绸缪。

4．渠道分析法

对每个渠道的供货价、毛利和利润进行分析，这个分析务必和竞争对手形成对比。首先对每个渠道分层分级，然后匹配不同的销售资源（分销、库存、物流），每个渠道的库存需要重点关注，尤其是库存的周转天数。库存的周转天数=当前库存数量/当前日平均销售数量。依据库存的周转天数判断产品是否畅销是有偏颇的。比如，在销量不变的情况下，当前库存数量大，库存的周转天数也会变长，同理，当前库存数量小，库存的周转天数也会变短。所以，不要光看库存的周转天数，和当前库存数量结合才能判断正确。

例如，某款手机平均每天销售 5 部，当前库存为 20 部，库存的周转天数为 20/5=4。如果把当前库存数量加到 40 部，库存的周转天数为 40/5=8。所以，不能说产品不畅销，只能说当前库存数量过大。

对库存组成进行分析，需要定期盘点库存，及时发现问题，这样才能把握每个 SKU 的销售情况。重点关注一些区域与渠道的表现，分析发展走势和销售特点。对于增长或下滑明显的区域给予重点关注和分析，以免存在潜在的威胁，警惕竞争对手乘虚而入。

5．人员分析法

新增员工的数量（累计本年度）、离职员工的数量（累计本年度）、每个员工承担业绩的数量、人员薪资成本、日常工作的分析（分销、拜访等）。

四、销售数据分析的思路

首先，要了解销售数据及公司的业务背景，才开始进行数据分析，销售数据分析主要从整体销售额/利润分析、产品线分析、价格体系分析这三个角度出发，如图 3-1 所示。

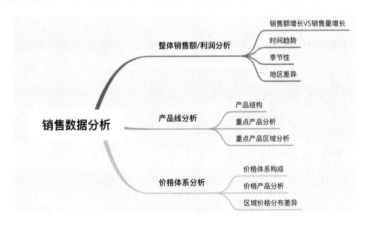

图3-1　销售数据分析图

1．整体销售额/利润分析

1）销售额增长 VS 销售量增长

分析近几年的总体销售额和销量，并与行业标准相比较，从而分析企业的业绩状况并判断企业的业绩变化类型。如果销售额增长大于销售量增长，说明业绩增长主要来源于产品平均价格的提高，它反映了市场平均价格的提高或客户产品结构升级，此类增长称为结构性增长，反之，销售额增长小于销售量增长，说明产品大体不变，但是购买产品的顾客增多了，此类增长称为容量性增长。

2）时间趋势

除了对比销售额和销量增长的情况，我们还可以从时间纬度分析销售额、销量的变化趋势。

3）季节性

很多消费品行业存在明显的季节性趋势，根据季节性规律，分析销售数据可以帮助我们对生产运作、渠道供货、库存控制等做出合理的规划。

4）地区差异

了解整体销售状况后，我们还可以对区域的销售数据进行分析，看看哪些地区的销售情况比较差，找出差的原因并加以改善；看看哪些地区的销售情况比较好，找出销售好的原因，总结经验并应用到其他区域。

除此以外，我们还可以对企业销售区域分布和市场区域分布进行对比分析，思考目前企业销售区域分布的合理性，提出改进方案。

2．产品线分析

除了从整体销售额、销量角度出发去分析数据，我们还可以从产品线的角度分析销售数据，从产品结构了解重点产品和产品成长的合理性，以及企业的利润源和销售量是否对应，规划调整企业未来的产品结构。

3．价格体系分析

影响企业销售额的一个重要因素就是单价，因此我们还可以对企业产品的总体价格结构进行分析，了解企业的优势价位区间，合理调整价格结构。

价格体系构成：通过对价格体系结构的分析，找到价格区间划分的标准，从而找到主导价位。

价格产品分析：观察主导价位区间的变化趋势及处于主导价格区间的产品构成和发展情况，从而分析主导价位产品的成长空间。

区域价格分布差异：分析各区域的价位构成，寻找各区域的主导价格区间及主导价格区间内的产品，调整区域产品结构。

五、BI 的业务框架

电商是一个互联网与零售结合的行业，传统的零售行业并没有那么多数据，但是随着互联网技术的发展和普及，可以非常轻松地采集数据。因此数据分析在电商行业中越来越受重视，阿里巴巴在 2015 年提出了大数据赋能商家的战略，通过其广告 BI、生意参谋等数据工具为商家提供决策数据支撑。电商店铺运营的数据分析分为 3 个模块，即运维数据、行业数据和竞争对手数据，每一个模块之间都需要交互参考，如图 3-2 所示。

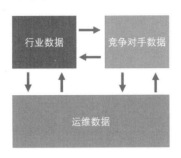

图3-2　数据分析的三个模块

（1）运维数据：即内部数据，在运营店铺过程中产生的各种数据，如访客数、转化率、销售额等。

（2）行业数据：整个行业大盘的数据，在分析的时候需要将自己的数据与行业数据进行对比。

（3）竞争对手数据：竞争对手的相关数据，和行业数据一样，需要将自己的数据与竞争对手数据进行对比。

六、运维数据的整体架构

运维数据的整体架构是指电商零售企业的内部数据架构，如图 3-3 所示，整个架构共分为五层。

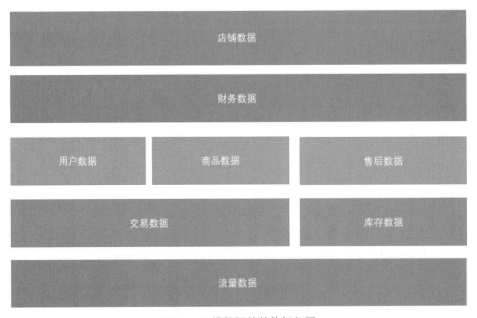

图3-3　运维数据的整体框架图

（1）第一层：从流量开始产生数据，用户在浏览过程中进行的操作产生了电商的数据。流量数据是所有电商数据的源头，没有流量就没有数据分析。

（2）第二层：发生在用户选择商品之后的交易行为，用户下单产生交易数据订单，需要发货，因此产生库存数据。

（3）第三层：基于前两层数据的分类归整，从流量数据和交易数据中清洗出用户数据和商品数据，从库存数据清洗出售后数据。

（4）第四层和第五层基于前三层数据的分类归整，整理出财务数据和店铺数据。

七、本项目使用的函数说明

1．SUM 函数

函数功能：返回某一单元格区域中数字、逻辑值及数字的文本表达式之和。

函数语法：SUM(列名)。

2．DATEADD 函数

函数功能：指定间隔移动后的日期。

函数语法：DATEADD(日期,间隔,单位)。

3．CALCULATE 函数

函数功能：在筛选器修改的上下文中对表的表达式求值。

函数语法：CALCULATE(表达式,筛选器,[…筛选器])。

4．DIVIDE 函数

函数功能：能处理被 0 除的情况。

函数语法：DIVIDE(分子,分母)。

◎ 任务实施

步骤 1：选中"孕妇装-孕产妇用品-营养行业数据"表，在"建模"选项卡"计算"组中选择"新建度量值"选项，如图 3-4 所示。

图3-4 新建度量值

步骤 2：在弹出的公式输入框中输入表达式：总成交量= SUM('孕妇装-孕产妇用品-营养行业数据'[成交量])。

★★注意：

（1）通过表达式中的 SUM('孕妇装-孕产妇用品-营养行业数据'[成交量])，计算出[成交量]列的数值求和。

（2）在 Power BI Desktop 的公式栏中输入对应的 DAX 函数，出现相对应的联想提示，以及需要进行计算的数据表中所对应的列名，只需要双击选中即可。

步骤 3：将上一年的成交量添加为新的度量值，在弹出的公式输入框中输入表达式，上一年成交量 = CALCULATE('孕妇装-孕产妇用品-营养行业数据'[总成交量],DATEADD('年月'[日期],-1,YEAR)。

★★注意：

（1）通过表达式中的 DATEADD('年月'[日期],-1,YEAR)，计算出减去"1"后的年份值。

（2）通过表达式中的 CALCULATE('孕妇装-孕产妇用品-营养行业数据'[总成交量],DATEADD('年月'[日期],-1,YEAR))，计算出上一年的总成交量。

（3）上一年成交量的公式中使用了两个 DAX 函数，其中 CALCULATE 函数是 DAX 中功能最强大、最难掌握的函数之一，因为它是一个非常灵活的筛选器，在以上的公式中，利用 DATEADD 函数以日期维度表作为数据源，以"年"为单位前移，得出"2016 年"作为 CALCULATE 函数的筛选条件，计算出 2016 年一整年的总成交量。

步骤 4：将成交量同环比添加为新的度量值，在弹出的公式输入框中输入表达式，成交量同环比 = DIVIDE('孕妇装-孕产妇用品-营养行业数据'[总成交量]-'孕妇装-孕产妇用品-营养行业数据'[上一年成交量],'孕妇装-孕产妇用品-营养行业数据'[上一年成交量])。

★★注意：

（1）表达式中的 DIVIDE('孕妇装-孕产妇用品-营养行业数据'[总成交量]-'孕妇装-孕产妇用品-营养行业数据'[上一年成交量],'孕妇装-孕产妇用品-营养行业数据'[上一年成交量])，以两年的成交量差值为分子，以上一年的成交量为分母，计算成交量的年增长率。

（2）同环比公式中选用的 DIVIDE 函数是一个十分常用的函数，它替代了常规的除法，可以理解为安全除法，其作用为被零除而导致错误时返回的值。

步骤 5：添加一张"表格"对象，并将"年月"表的字段"日期"、"孕妇装-孕产妇用品-

营养行业数据"表的字段"总成交量""成交量同环比"拖曳到"表格"对象的"值"区域，删除字段"季度"和"日"，如图 3-5 所示。完成成交量的月环比计算，计算结果如图 3-6 所示。

可视化 〉

值

日期	∨ ×
年	×
月份	×
总成交量	∨ ×
成交量同环比	∨ ×

年	月份	总成交量	成交量同环比
2016	January	7896547	
2016	February	6252581	
2016	March	13071549	
2016	April	13269151	
2016	May	13975381	
2016	June	13746875	
2016	July	11652475	
2016	August	12159689	
2016	September	15596519	
2016	October	16142566	
2016	November	13567042	
2016	December	10173747	
2017	January	7478427	-0.05
2017	February	11698301	0.87
2017	March	13874263	0.06
2017	April	15964344	0.20
2017	May	16735619	0.20
2017	June	15864294	0.15
2017	July	12817557	0.10
2017	August	13471437	0.11
2017	September	15541426	0.00
2017	October	16467903	0.02
2017	November	12348069	-0.09
2017	December	12207037	0.20
总计		311972799	1.12

图3-5 设置表格对象值　　　　图3-6 月环比计算结果

步骤 6：需要切换到年成交量的同比，只需把图 3-5 中的"月份"字段删除即可，结果如图 3-7 所示。

步骤 7：选中"成交量同环比"度量值，然后在"建模"选项卡"格式设置"组中选择"百分比"选项，如图 3-8 所示，把同环比数值格式更改为"百分比"格式。

年	总成交量	成交量同环比
2016	147504122	
2017	164468677	0.12
总计	311972799	1.12

图3-7 年同比计算结果

数据类型: 小数 ▾

格式: 百分比 ▾

$ ％ , .00 2

格式设置

图3-8 设置百分比格式

步骤 8：选择"折线和簇状堆积柱形图"对象，分别将"总成交量"及"成交量同环比"拖曳到"列值"和"行值"区域，如图 3-9 所示，显示结果如图 3-10 所示。

图3-9　设置折线和簇状柱形图对象

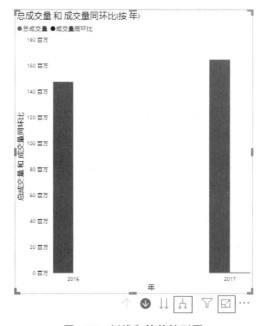

图3-10　折线和簇状柱形图

步骤 9：分别单击图 3-10 所示的"展开层次结构中的所有下移级别"按钮和"焦点模式"按钮，显示最终效果如图 3-11 所示。

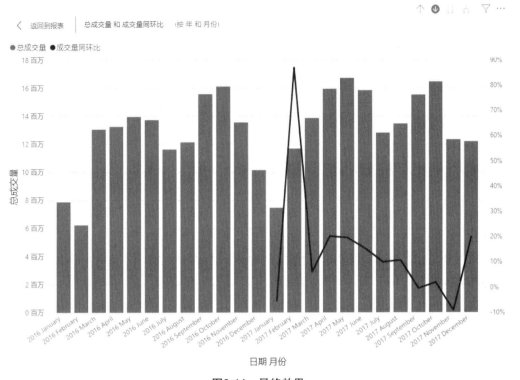

图3-11　最终效果

◎ 分析结论

孕妇装-孕产妇用品-营养行业市场呈现增长趋势，但增幅较小。这与我国的人口政策、适龄人的生育理念相对应。商家应该开发更有特色、更有营养、更适合孕妇的新产品，刺激孕妇及相关人的消费欲望，从而增加成交量。

任务 2　品牌集中度分析

品牌集中度是用于评判市场品牌生存空间的核心指标。评判品牌集中度的标准有多种算法，本项目介绍最为直观的一种方法，用累积占比画出帕累托图观测品牌集中度。

◎ 知识准备

一、品牌集中度

品牌集中度是对品牌的市场份额或其他经济效益指标进行测算的指标，一般是指某一行业内规模最大的前几家企业的销售额占行业总销售额的比例。

一直以来，市场集中度或行业集中度是衡量市场竞争程度（或市场结构类型）的重要指标，是市场势力的重要量化指标，也是决定某一市场绩效或效率的重要因素。但是传统的市场集中度或产业集中度测量的是企业的生产规模或厂商市场占有率，不能反映市场的实际情况。首先，基于不同的品牌定位策略，有些品牌是某些生产和销售企业的全部产品品型，但也有些品牌产品仅仅覆盖了企业部分品型市场或以某一品型市场为主。其次，即使是同一厂商，也可能采取多品牌策略来覆盖不同的品型市场，而且这些品牌是可以在不同的厂商间收购、转让的。再次，不同品型的市场容量大小和产品生命周期不尽相同，对市场结构演进的影响也不同。因此，与传统的市场集中度相比，品牌集中度能更现实地描述市场的竞争状况和竞争方式，并能测定市场结构类型，预测其发展趋势，品牌集中度的测量方法可以揭示更为复杂的市场结构特征。

二、品牌集中度的计算方法

根据前面的论述，我们以品牌集中度来阐述市场中不同企业的竞争态势，品牌集中度是决定市场结构最基本、最重要的因素，集中体现了市场的竞争和垄断程度。品牌集中度越高，市场的寡占程度就越高。经常使用的品牌集中度计量指标有：行业集中率（CRn 指数）、赫尔芬达尔-赫希曼指数（Herfindahl-HirschmanIndex，HHI）、洛伦兹曲线、基尼系数、逆指数、熵指数金额绝对集中度指标等，其中行业集中率与赫尔芬达尔-赫希曼指数两个指标经常被运用在反垄断经济分析之中。

本案例使用帕累托图来计算品牌集中度。

三、帕累托图

帕累托法则往往称为二八原理，即百分之八十的问题是百分之二十的原因造成的。帕累托图在项目管理中主要用来找出产生大多数问题的关键原因，用来解决大多数问题。

在帕累托图中，不同类别的数据根据其频率降序排列，并在同一张图中画出累积百分比图。帕累托图可以体现帕累托原则：数据的绝大部分存在于很少的类别中，极少剩下的数据分散在大部分类别中，这两组数据经常被称为"至关重要的极少数"和"微不足道的大多数"。帕累托图能区分"至关重要的极少数"和"微不足道的大多数"，从而方便人们关注重要的类别。

四、本项目使用的函数说明

1. SUMMARIZE 函数

函数功能：根据设定的条件返回新的摘要表。

函数语法：SUMMARIZE(<表名>, <分组依据的列名>[, <分组依据的列名>]…[, <新的度量列名>, <表达式>]…)。

参数说明如下。

表名：指在 Power BI Desktop 中加载完毕的表格。

分组依据的列名：新表将根据原表的某个列进行分组汇总。

[, 分组依据的列名]：可选参数，如果要用多个列名作为分组依据，列名之间用逗号分隔，输入多个列名即可。

[, 新的度量列名, 表达式]：可选参数，<新的度量列名>和<表达式>必须成对出现。<新的度量列名>是文本，文本前后必须用双引号，<表达式>是要进行聚合计算的函数，将针对每一行数据计算多次。

2. EARLIER 函数

函数功能：返回提及列的外部计算传递中指定列的当前值。

函数语法：EARLIER(<列名>, [<数据>])。

参数说明如下。

列名：列名或解析为列的表达式。

数据：可选参数，外部计算传递到的正数。一个外部计算级别由 1 表示，两个外部级别由 2 表示，依次类推。此参数省略时，默认值为 1。

3. FILTER 函数

函数功能：返回符合条件的表，该函数不单独使用，嵌套在其他表达式中使用。

函数语法：FILTER(<表名>,<筛选条件>)。

◎ 任务实施

步骤 1：先建立一张新表，新表是各个品牌的数据汇总。在"建模"选项卡"计算"组中选择"新表"选项，如图 3-12 所示。

步骤 2：在公式编辑器中输入公式：表 = SUMMARIZE('护腰枕品牌数据','护腰枕品牌数据'[名称],"销售额指数",SUM('护腰枕品牌数据'[销售额指数]))，创建好的新表，其表名为"表"，如图 3-13 所示。

名称	销售额指数
alpremio（韩国）	380762
babybright	20711538
bearmami/倍爱妈咪	151343
beimily/蓓美妮	37226164
carebon/可宝	34070417
cendile	8116237
dilemon/迪乐梦	669558
doux bebe/多宝贝	504834
fossflakes	3967358
goodnews/果牛	5100884
iyun/爱孕	7174237

图3-12　建立新表　　　　　　　　　　图3-13　新建表

★★注意：

（1）表达式中的 SUM('护腰枕品牌数据'[销售额指数])，就是将'护腰枕品牌数据'表中的"销售额指数"这一列的数值求和。

（2）表达式 SUMMARIZE('护腰枕品牌数据','护腰枕品牌数据'[名称],"销售额指数",SUM('护腰枕品牌数据'[销售额指数]))，就是根据'护腰枕品牌数据'表的[名称]列进行数据分组，分组后新建一个名为"销售额指数"的列，新列中的值是将"销售额指数"进行求和，即 SUM('护腰枕品牌数据'[销售额指数])。

步骤 3：计算按从大到小排序各个品牌的累积占比。在"建模"选项卡"计算"组中单击"新建列"命令。

步骤 4：在公式编辑器中输入公式：累积百分比 = SUMX(FILTER('表',EARLIER('表'[销售额指数])<='表'[销售额指数]),'表'[销售额指数])/SUM('表'[销售额指数])。

★★注意：

（1）EARLIER('表'[销售额指数])，可以理解为"销售额指数"的复制。表达式 EARLIER('表'[销售额指数])<='表'[销售额指数]，是将当前的"销售额指数"跟复制好的所有"销售额指数"进行比较。

（2）FILTER('表',EARLIER('表'[销售额指数])<='表'[销售额指数])，就是将小于或等于当前"销售额指数"的行筛选出来。

（3）SUMX(FILTER('表',EARLIER('表'[销售额指数])<='表'[销售额指数]),'表'[销售额指数])，是将小于当前"销售额指数"的行的"销售额指数"进行求和。

步骤 5：创建好的新列，其列名为"累积百分比"，如图 3-14 所示。

名称	销售额指数	累积百分比
alpremio（韩国）	380762	0.99958187363591
babybright	20711538	0.837555954316635
bearmami/倍爱妈咪	151343	1
beimily/蓓美妮	37226164	0.624153282050597
carebon/可宝	34070417	0.709258977685505
cendile	8116237	0.935159957703911
dilemon/迪乐梦	669558	0.997574280525764
doux bebe/多宝贝	504834	0.999281199544658
fossflakes	3967358	0.96842952601856
goodnews/果牛	5100884	0.965296645738172
iyun/爱孕	7174237	0.952947035592586

图3-14 新建列

步骤 6：在"建模"选项卡"格式设置"组中单击"%"，将"累积百分比"列的数据格式设置为百分比的格式，如图 3-15 所示。设置好的表，如图 3-16 所示。

图3-15 设置百分比

名称	销售额指数	累积百分比
alpremio（韩国）	380762	99.96%
babybright	20711538	83.76%
bearmami/倍爱妈咪	151343	100.00%
beimily/蓓美妮	37226164	62.42%
carebon/可宝	34070417	70.93%
cendile	8116237	93.52%
dilemon/迪乐梦	669558	99.76%
doux bebe/多宝贝	504834	99.93%

图3-16 设置好的表

步骤 7：返回报表视图，添加一张"表格"对象，并将"表"的字段"名称""销售额指数""累积百分比"拖曳到"表格"对象的"值"区域，如图 3-17 所示。

图3-17 设置表格对象值

步骤 8：此时在页面工作区中出现一张表格对象，表格内容如图 3-18 所示。

名称	销售额指数	累积百分比
alpremio（韩国）	380762	99.96%
babybright	20711538	83.76%
beamami/倍爱妈咪	151343	100.00%
beimily/蓓美妮	37226164	62.42%
carebon/可宝	34070417	70.93%
cendile	8116237	93.52%
dilemon/迪乐梦	669558	99.76%
douxbebe/多宝贝	504834	99.93%
fossflakes	3967358	96.84%
goodnews/果牛	5100884	96.53%
iyun/爱孕	7174237	95.29%
joyourbaby/佳韵宝	130570919	37.19%
总计	**1266361190**	**5386.45%**

图3-18　表格内容

步骤 9：单击表格对象，将"累积百分比"列调整为升序排序，如图 3-19 所示。

名称	销售额指数	累积百分比
梦水伊家纺	208796503	16.49%
咕呗	131619942	26.88%
joyourbaby/佳韵宝	130570919	37.19%
tomi baby/多米贝贝	112086986	46.04%
慧鸿佳世	86038863	52.83%
舒梦爱	44278738	56.33%
moon light love/月光之恋	39835378	59.48%
beimily/蓓美妮	37226164	62.42%
小西米木	37209964	65.35%
枕工坊	36494169	68.24%
carebon/可宝	34070417	70.93%
维尼可儿	31411644	73.41%
母伴	30115296	75.78%
天使之梦	29946841	78.15%
pregnancy pillow	28658055	80.41%
总计	**1266361190**	**5386.45%**

图3-19　升序后的表格内容

步骤 10：在"建模"选项卡"计算"组中单击"新建列"按钮，并输入以下表达式：

排名 ＝ COUNTROWS(FILTER('表',EARLIER('表'[销售额指数])<'表'[销售额指数]))+1。

步骤 11：创建"排名"列成功后，将排名移动到表格对象的上方，如图 3-20 所示。

步骤 12：将"表格"对象转变为"折线和簇状柱形图"对象。选中"折线和簇状柱形图"对象，将"折线和簇状柱形图"对象的"共享轴"设置为"名称"，"列值"设置为"销售额指数"，"行值"设置为"累积百分比"，如图 3-21 所示。

排名	名称	销售额指数	累积百分比 ▲
1	梦水伊家纺	208796503	16.49%
2	咕呗	131619942	26.88%
3	joyourbaby/佳韵宝	130570919	37.19%
4	tomi baby/多米贝贝	112036986	46.04%
5	慧鸿佳世	86038863	52.83%
6	舒梦爱	44278738	56.33%
7	moon light love/月光之恋	39835378	59.48%
8	beimily/蓓美妮	37226164	62.42%
9	小西米木	37209964	65.35%
10	枕工坊	36494169	68.24%
11	carebon/可宝	34070417	70.93%
12	维尼可儿	31411644	73.41%
13	母伴	30115296	75.78%
14	天使之梦	29946841	78.15%
15	pregnancy pillow	28658055	80.41%
16	睡梦来	21626938	82.12%
17	babybright	20711538	83.76%
18	中国梦 梦之纺	18476034	85.21%
19	圣熙	17037752	86.56%
20	许愿草	16682738	87.88%
21	乐孕	16637800	89.19%
22	艾嘉丽诺	12530260	90.18%
23	娇孕贝儿	12027180	91.13%
24	孕爱一生	11525242	92.04%
25	佛爱	10568727	92.88%
26	cendile	8116237	93.52%
1953		1266361190	5386.45%

图3-20 排名后表格结果

图3-21 设置折线和簇状柱形图对象

步骤 13：设置后的"折线和簇状柱形图"对象，如图 3-22 所示。

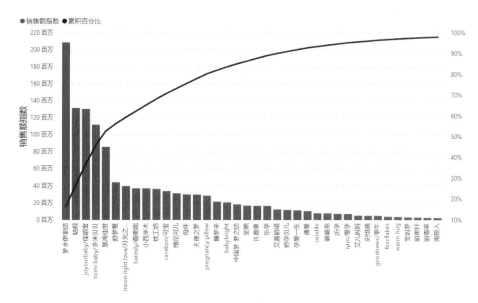

图3-22 折线和簇状柱形图

步骤 14：通过设置数据标签，可以直观地观测市场的品牌份额分布情况，竖线以左是市场的主体品牌，竖线以右是市场的长尾品牌。其中折线的斜率可用于不同市场的品牌集中度的对比，斜率越大证明品牌集中情况越严重，在第 5 个品牌折线产生拐点，前 5 个品牌相对高度集中，到第 5 个品牌之后才相对分散，如图 3-23 所示。

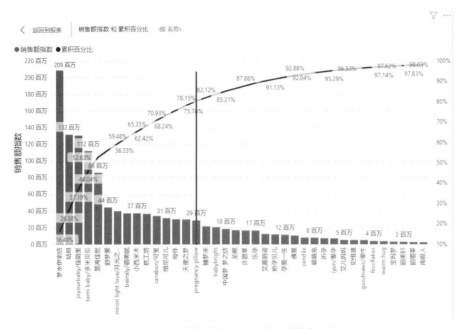

图3-23　设置数据标签后折线和簇状柱形图

◎ 分析结论

按"销售额指数"从高到低排序，前 15 个品牌的累计市场份额已经超过了总体市场的 80%，此样本数共 62 个品牌，因此可以得出分析结论：24.19%的品牌占领市场 80%的市场份额，或者 20%的品牌占领市场 73.41%的份额（62×0.2≈12）。以二八原则为参考点，20%的品牌占领市场 80%的份额，说明品牌市场还存在一定的竞争空间。

任务 3　价格带分组分析

对市场价格带的分析非常重要，产品定价将直接影响产品在投放市场时的竞争力和消费者对品牌的认知。

◎ 知识准备

一、价格带

价格带是指某种商品品种的出售价格从低到高形成的价格幅度。例如，各种品牌型号的沐浴露，其中最高价格是 88 元，最低价格是 12 元，那么就称这是一个价格带为 12～88

元的商品群。

二、价格带分析

商品的价格带表明一种同类商品或一种商品类别中的最低价格和最高价格的差别。价格带的宽度决定了企业所面对的消费者的受众层次和数量。在进行竞争对比分析时，商品价格带分析方法可为市场调查提供简单而明确的分析结果。它是商品数据分析中最常用的分析维度之一，包括销售价格带、订货价格带、库存价格带及门店销存分析等。

三、组距和组数

组距是指每组的最大数与最小数之间的距离。在分组整理统计时，组的大小因要划分的组数不同而不同。组数和组距只能确定一个，没有限制，只要其中一个确定下来，另一个也就可以按照公式算出来。如果组数太多，组距过小，难以显现数据总体的特征和分布规律；如果组数太少，组距过大，可能会失去分组的意义，达不到正确反映客观事实的目的。

◎ 任务实施

步骤 1：在数据视图中查看数据表"孕妇枕搜索数据"部分字段，如图 3-24 所示。

宝贝标题 ▼	宝贝ID ▼	销量（人数）▼	售价 ▼	预估销售额 ↓
Tomibaby多功能u型孕妇头侧卧睡枕抱枕用品托腹靠	555901669469	1101	498	548298
孕妇枕头u型枕多功能睡枕侧卧睡觉抱枕靠枕侧孕护腰	36833929145	4162	128	532736
孕妇枕头护腰侧睡枕u型多功能抱枕睡觉侧卧孕枕托腹	546313863096	2921	155	452755
蓓美妮孕妇枕头护腰侧睡枕用品睡觉侧卧孕枕u型枕多	552716793272	1905	216	411480
枕工坊孕妇枕头睡觉侧卧孕靠抱枕护腰侧睡枕托腹	35549564969	2527	158	399266
孕妇枕头护腰侧睡枕托腹用品u型枕侧卧多功能睡觉睡	555938740887	4517	79.8	360456.6
佳韵宝孕妇枕头护腰侧睡枕睡觉侧卧孕枕托腹抱枕多工	37617468636	2196	158	346968
小西米木孕妇枕头护腰侧睡枕u型托腹靠枕多功能抱枕	562903827025	1045	258	269610
多米贝贝孕妇枕头护腰侧睡枕u型枕多功能托腹抱孕	558550292003	4875	49.9	243262.5
多米贝贝孕妇枕头护腰侧睡枕U型枕多功能托腹抱枕睡	562645774269	2555	79	201845

图3-24　查看结果

步骤 2：回到报表视图，在视图右侧字段列表中选择"孕妇枕搜索数据"中的"售价"选项，将光标停留在该列，其右侧会出现"…"，如图 3-25 所示。单击"…"，在弹出的快捷菜单中选择"新建组"选项，如图 3-26 所示。

步骤 3：在弹出的"组"对话框中，观察到售价的最小值是 11.2，最大值是 4399，区间比较大，可以将"装箱大小"设置为 100，如图 3-27 所示。

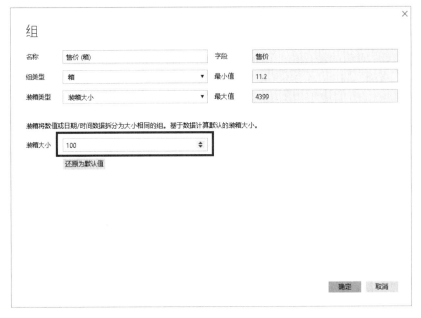

字段	>

🔍 搜索

∨ ⊞ 妈妈产前产后用…
∧ ⊞ 孕妇枕搜索数据
　□　宝贝标题
　□　宝贝ID
　□　尺码
　□　地域
　□　店铺类型
　□　关键词
　□　货号
　□　类目
　□　链接
　□ Σ 排名
　□　品牌
　□ Σ 评价人数
　□　商品条形码
∨ □ ⊞ 时间
　□　是否可拆洗
　□ Σ 售价　　　…
　□　旺旺
∨ □ ⊞ 下架时间
　□ Σ 销量（人数）

选中
新的层次结构
新建度量值
新建列
新建快速度量值
重命名
删除
隐藏
查看隐藏
取消全部隐藏
全部折叠
全部展开
新建组
添加至筛选器　▶
添加以钻取

图3-25　售价字段　　　　　　　　　　　图3-26　选择"新建组"选项

组 　　　　　　　　　　　　　　　　　　　　　　　×

名称	售价 (箱)	字段	售价
组类型	箱　　▼	最小值	11.2
装箱类型	装箱大小　　▼	最大值	4399

装箱将数值或日期/时间数据拆分为大小相同的组。基于数据计算默认的装箱大小。

装箱大小	100 　　　　　　　▲▼

还原为默认值

确定　　取消

图3-27　设置组

步骤 4：重复以上动作，再创建一个新组，将"装箱大小"设置为 5，如图 3-28 所示。

图3-28 创建新组

步骤 5：添加一张"表格"对象，并将"孕妇枕搜索数据"表的字段"售价（箱）""售价（箱）2""预估销售额"拖曳到"表格"对象的"值"区域。

步骤 6：浏览"表格"对象，如图 3-29 所示。

步骤 7：选择"簇状柱形图"对象并设置，如图 3-30 所示。

售价 (箱)	售价 (箱) 2	预估销售额
0.00	15.00	7,433.76
0.00	20.00	45,234.50
0.00	25.00	49,293.20
0.00	30.00	710.51
0.00	35.00	883,413.14
0.00	40.00	55,953.81
0.00	45.00	294,641.79
0.00	50.00	11,278.60
0.00	55.00	278,919.46
总计		15,223,390.56

图3-29 表格结果

图3-30 选择"簇状柱形图"对象设置

步骤8："簇状柱形图"对象设置完毕，如图3-31所示。坐标轴处于隐藏状态，需要对坐标轴进行设置。

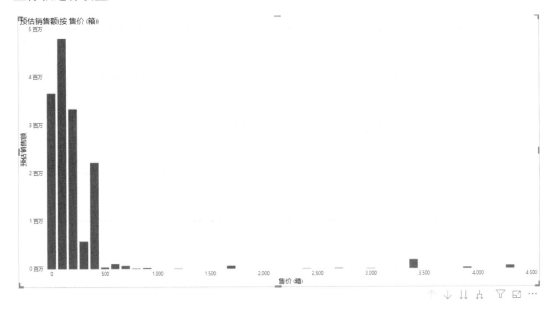

图3-31　簇状柱形图

步骤9：选中"簇状柱形图"对象，单击"格式"按钮，展开X轴设置，将"类型"设置为"类别"，如图3-32所示。

图3-32　设置X轴

步骤10：设置好的簇状柱形图显示区间跨度较大，单击图形对象右下角的"深化模式"按钮，启动深化模式，如图3-33所示。

步骤11：单击图3-33中销售额最大的100分组（100～200箱），进入第二层轴，以5作为分箱大小的售价箱，如图3-34所示，单击图形右下角的"…"按钮。

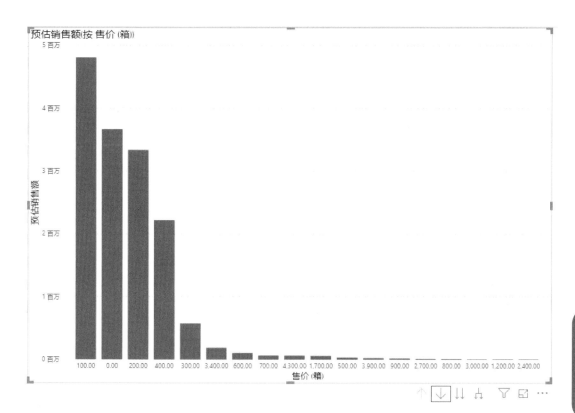

图3-33　以100作为分箱大小的价格分组

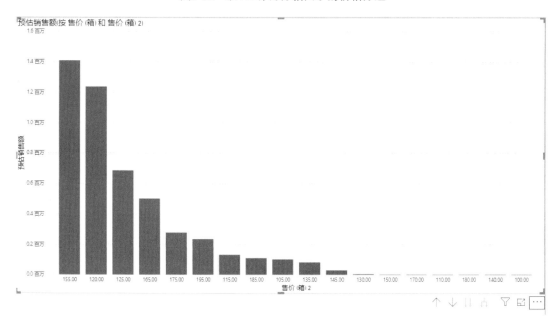

图3-34　以5作为分箱大小的100～200售价箱

　　步骤12：在弹出的快捷菜单中单击"以表的形式显示"命令，如图 3-35 所示，显示结果如图 3-36 所示。

图3-35　显示数据

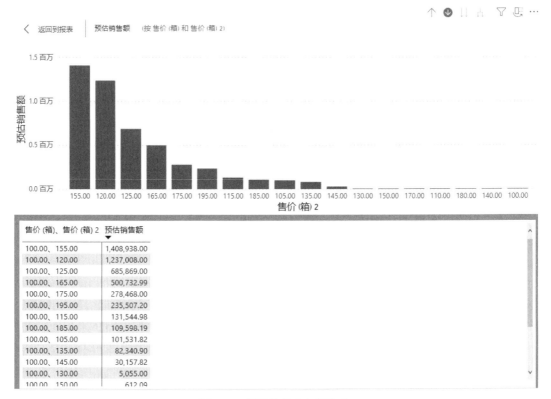

图3-36　显示价格分组图与表

◎ 分析结论

（1）市场的主流价格带分别是[0,200]、[300,400]两个区间。

（2）通过观察，在市场定价[100,200]区间表现最好的价格带是[155,160]区间，决策者结合自身的市场策略，对产品定价做出判断，是要抢占现有市场还是要另辟捷径？需要结合企业自身的内部和外部因素分析（SWOT 分析）来调整市场战略。

同步实训

根据数字资源提供的实训素材，分析产品的同环比、品牌集中度、价格带分组，结合分析结果给出产品销售建议。

课程思政与素质目标

2020 年 12 月 11 日，人民日报发布评论文章《"社区团购"争议背后，是对互联网巨头科技创新的更多期待》，14 日，国家市场监督管理总局发布的通报称：根据《反垄断法》的规定，对阿里巴巴投资有限公司、阅文集团和深圳市丰巢网络技术有限公司分别处以 50 万元人民币罚款的行政处罚。

人民日报的评论并非要将"社区团购"这种销售模式全盘否定，但是，涌进社区团购行业的互联网巨头们确实应该借此机会冷静思考如何才能让社区团购健康、持续地发展下去，而不是带来"巨头挤压农户"的内卷。

掌握着海量数据、先进算法的互联网巨头，理应在科技创新方面有更多担当、有更多追求、有更多作为。科技创新的星辰大海、未来的无限可能性，令人心潮澎湃。

3

项目 4
客户分析

引例

美国东部时间 2021 年 6 月 30 日，滴滴正式在纽交所挂牌上市，其股票代码为"DIDI"。

2021 年 7 月 4 日，国家网信办通告：依据《中华人民共和国网络安全法》相关规定，通知应用商店下架"滴滴出行"App。7 月 10 日，网信办发布国家互联网信息办公室关于《网络安全审查办法（修订草案征求意见稿）》公开征求意见的通知，其中征求意见提出，掌握超过 100 万用户个人信息的运营者赴国外上市，必须向网络安全审查办公室申报网络安全审查。

这一重磅新闻高升热搜榜，引发市场热议。为什么要对百万客户数据规模并且打算境外上市的公司进行审查呢？百万客户级别的互联网公司，在美股上市需要审查，其背后是对数据安全的考量。

随着门户网站带来信息在线化，移动互联网带来数据爆炸，未来万物互联就是数据互联的时代。在企业竞争中，客户特别是客户数据成为直接的竞争要素。

从谷歌、亚马逊、Facebook、LinkedIn 到阿里巴巴、百度、腾讯，都因其拥有大量的客户注册和运营信息，成为大数据公司。这些网站不仅从每个客户的购买行为中获得信息，还将每个客户在其网站上的所有行为都记录下来：页面停留时间、客户是否查看评论、每个搜索的关键词、浏览的商品等。

任务拆解

在客户的购买行为中，到底可以获得哪些客户数据呢？其中又蕴藏了哪些不为人知的秘密呢？这些客户数据分为两部分，即表面数据和内化数据。

表面数据可以获得客户画像。客户画像包含了客户的固定属性，包括年龄、性别、经济状况、地域分布等。客户画像可以获得客户的网站行为数据，比如客户的注册时间、购买行为，包括页面浏览、订单数量和金额、购买次数等，也保留了客户最后一次下单的时间。倘若客户流失，可以通过这些数据分析客户的流失原因。

内化数据可以从两方面分析：从客户第一次注册、下单，到最后一次下单、流失，可以分析客户的生命周期，从而帮助企业进行营销行为决策。另外，分析全体客户的 RFM，即消费时间间隔、消费频次、消费金额，可以对所有客户进行分级管理，以衡量不同客户的价值及创利能力，从而有的放矢，做到利润最大化运营。

企业"以客户为中心"，通过数字化赋能提升客户增长，极大地降低企业成本。其实也是"坚持以人民为中心"的完美体现，尊重客户的主体地位，为客户服务，实现双赢是企业的目标之一。

通过数据挖掘和数据分析，使企业可以得到客户画像，通过对客户的各类指标进行归类和分析，能够深入了解客户偏好和行为特征；在客户画像的基础上，可以对客户特征有更深入的理解，从而实施精准营销和客户的定制化服务；还可以对客户进行分级管理和生命周期管理，对不同的客户实施不同的计划和策略。

在本案例中，通过对现有客户数据的分析让企业了解客户的基本情况，为企业进行客户的分析判断提供参考。客户分析一般会考虑会员人数、交易金额、客户消费时间间隔、消费频次等，因此该项目围绕客户分析的需求拆解成如表 4-1 所示的四个任务，分别为客户地域分析、客户流失分析、客户生命周期分析、RFM 分析。本项目以某企业淘宝订单报表和产品成本表为例展开分析。

表 4-1　客户分析项目的任务拆解表

项　　　目	任　　务	数　据　指　标	主　要　作　用
客户分析	客户地域分析	交易金额、会员人数	判断不同地域客户的应对策略
	客户流失分析	订单创建时间、订单付款时间	判断客户流失原因
	客户生命周期分析	消费时间间隔、累积占比	判断客户生命周期
	RFM 分析	消费时间间隔、消费频次、消费金额	判断客户的价值属性

任务 1　客户地域分析

客户地域分析属于客户画像中一个重要的指标，对客户地域的分析，有利于企业确定不同省、市的营销策略，确定网络广告的投放方向，确定某地域营销的不足之处。

◎ 知识准备

一、客户画像

1. 概念

客户画像又称客户角色，作为一种勾画目标客户、联系客户诉求与设计方向的有效工具，客户画像在各领域得到了广泛的应用。客户画像最初是应用在电商领域的，在大数据时代背景下，客户信息充斥在网络中，将客户的每个具体信息抽象成标签。它基于获得的海量数据，全面覆盖客户的属性、兴趣、行为、场景等各维度细分标签，获得 360 度勾勒的客户立体画像，企业利用这些标签将客户形象具体化，从而为客户提供有针对性的服务。

划分客户画像的维度很多，不同的产品、不同的目的有不同的划分维度。为方便后面的分析，我们把客户画像划分为客户通用属性和客户特征属性。

2. 客户通用属性分析

客户通用属性包括基础属性、文化属性、经济属性、社群属性、硬件属性、软件属性。为了获取更精准的目标客户特征，我们对每类属性进行细化，得到通用属性下的二级属性。

基础属性：指目标客户的基本信息，包括性别、年龄、文化程度、地域、行业等。

文化属性：指目标客户受教育程度及正常生活的习惯爱好，包括智力水平、所处文化圈、喜好文化、个性化需求等。

经济属性：指目标客户的经济情况及消费观念，包括经济收入、可支配收入、付费敏感度等。

社群属性：指目标客户在社会关系上的需求，包括交友需求、异性交往需求、归属需求、领导需求、合作需求等。

硬件属性：指目标客户拥有的设备及相关条件，包括拥有设备、网络情况等。

软件属性：指目标客户对网络及软件的熟悉度，包括网络熟悉度和软件熟悉度。

3．客户特征属性分析

除分析客户通用属性外，还需要分析客户特征属性。客户特征属性是指客户在购买行为中展示出来的心理及行为因素。这些因素需要深入分析及提炼。客户特征属性可以分为行为习惯特征属性、人性心理特征属性。

表 4-2 能够使我们更清晰地了解客户画像的维度指标。

表 4-2　客户画像维度指标分析表

一 级 维 度	二 级 维 度	具体指标举例
客户通用属性	基础属性	性别、年龄、文化程度、人种、语种、国家、民族、职业、地域、行业等
	经济属性	经济收入、可支配收入、付费敏感度等
	文化属性	智力水平、所处文化圈、喜好文化、个性化需求等
	社群属性	交友需求、异性交往需求、归属需求、领导需求、合作需求等
	硬件属性	拥有设备、网络情况等
	软件属性	网络熟悉度、软件熟悉度等
客户特征属性	行为习惯特征属性	饮食习惯、作息规律、运动习惯、交通出行工具习惯等
	人性心理特征属性	是否注重效率、主动性、成就感、自尊心、自制力、责任感、耐心等

值得注意的是，通用属性维度很多，我们只分析对设计有影响的属性，若目标客户的某个属性与此时设计的产品无关，则没有必要对此进行分析。在本案例中，我们对客户地域这一维度进行分析。

二、波士顿矩阵分析法

1．波士顿矩阵的含义

波士顿矩阵（BCG Matrix），又称市场增长率-相对市场份额矩阵、波士顿咨询集团法、四象限分析法、产品系列结构管理法等。波士顿矩阵由美国著名的管理学家、波士顿咨询公司创始人布鲁斯·亨德森于 1970 年首创。

波士顿矩阵首创时被用于管理学中，它认为一般决定产品结构的基本因素有两个：市场引力与企业实力。

市场引力包括整个市场的销售量（额）增长率、竞争对手强弱及利润高低等，其中最主要的是反映市场引力的综合指标——销售增长率，这是决定企业产品结构是否合理的外在因素。

企业实力包括市场占有率、技术、设备、资金利用能力等，其中市场占有率是决定企业产品结构的内在要素，它直接显示企业竞争实力。销售增长率与市场占有率既相互影响，又互为条件，市场引力大，市场占有率高，可以显示产品发展的良好前景，企业也具备相应的适应能力，实力较强；如果只有市场引力大，而没有相应的高市场占有率，则说明企业尚无足够的实力，则该产品也无法顺利发展。相反，企业实力强，市场引力小的产品也预示了该产品的市场前景不佳。

通过以上两个因素的相互作用，会出现四种不同性质的产品类型，形成不同的产品发展前景。

（1）销售增长率和市场占有率"双高"的产品群（明星类产品）。

（2）销售增长率和市场占有率"双低"的产品群（瘦狗类产品）。

（3）销售增长率高，市场占有率低的产品群（问题类产品）。

（4）销售增长率低，市场占有率高的产品群（金牛类产品）。

2．波士顿矩阵分析法在客户地域分析中的运用

从以上分析可以看出，波士顿矩阵分析法一般通过对两两属性的正负排列组合得到四种不同类型的产品。在现实中，我们也常运用波士顿矩阵分析一些其他样本。根据波士顿矩阵分析法，我们就能把客户地域（客户分布的省份）和客单价（以购买金额和消费次数两个度量计算）两个属性不同的客户分析出来了。

三、本项目使用的函数说明

1．VALUES 函数

函数功能：返回一个单列的表，其中包含来自指定表或列的非重复值。

函数语法：VALUES(表名或列名)。

2．COUNTROWS 函数

函数功能：对表中的每行数进行计数。

函数语法：COUNTROWS(表名)。

◎ 任务实施

1．提取省市信息

本项目是对客户分布的省/直辖市进行分析，研究各个省/直辖市的业绩和客单价等指标，指导并调整企业的推广策略。

进入 Power Query 编辑器中，了解客户的地域分布，有助于营销和推广策略的制定，通过观察"Power BI 订单报表"中的"收货地址"，发现省/直辖市、城市、区、街道之间用空格分隔，如图 4-1 所示。本项目分析到省/直辖市、城市的范围，不分析区和街道，将

省/直辖市、城市两个信息从"收货地址"中提取出来。

步骤1：选中收货地址，在"主页"选项卡的"转换"组中单击"拆分列"下拉按钮，在弹出的下拉列表中选择"按分隔符"选项，如图4-2所示。

图4-1 收货地址字段   图4-2 拆分列

步骤2：在弹出的对话框中设置参数，单击"确定"按钮，如图4-3所示。完成操作后，收货地址将一分为三，如图4-4所示。

图4-3 "按分隔符拆分列"对话框

步骤 3：双击字段名，重命名字段名，如图 4-5 所示。

A^B_C 收货地址.1 ▼	A^B_C 收货地址.2 ▼	A^B_C 收货地址.3 ▼
广东省	深圳市	南山区
湖南省	郴州市	安仁县
重庆	重庆市	沙坪坝区
广东省	深圳市	坪山新区
贵州省	贵阳市	云岩区

图4-4　拆分后的结果

A^B_C 省/直辖市 ▼	A^B_C 城市 ▼	A^B_C 区/街道 ▼
广东省	深圳市	南山区
湖南省	郴州市	安仁县
重庆	重庆市	沙坪坝区
广东省	深圳市	坪山新区
贵州省	贵阳市	云岩区

图4-5　重命名字段名

步骤 4：单击 Power Query 编辑器左上角的"关闭并应用"按钮，保存数据，回到报表视图。

2. 统计不同地域客户数量

统计不同地域的客户数量，了解客户的地域分布情况。

步骤 1：在报表视图中，选择"pbi 订单报表"选项，如图 4-6 所示，将字段"订单状态"拖曳到"此页上的筛选器"列表框中，取消勾选"等待买家付款"和"交易关闭"复选框，如图 4-7 所示。

图4-6　字段

图4-7　筛选器

步骤 2：添加一张"表格"对象，并将字段"省份""买家实际支付金额""买家会员名"

的计数拖曳到"表格"对象的"值"区域，如图4-8所示。

步骤3：单击"买家会员名的计数"下拉按钮，在弹出的下拉菜单中选择"计数（非重复）"选项，将字段"买家会员名"设置为"计数（非重复）"，如图4-9所示。

图4-8　设置表格对象　　　　　　　　　　图4-9　字段设置

★★注意：由于要统计每个地域的客户数量，因此一定要选择非重复的计数，即一个客户多次购买统计为一个。

3. 计算人均消费金额

不同地域的客户的消费水平不同，通过统计不同地域客户的消费金额，了解产品在不同地域的消费力情况。

步骤1：选中"Power BI 订单报表"，在"建模"选项卡的"计算"组中选择"新建度量值"选项，如图4-10所示。

图4-10　新建度量值

步骤2：在编辑栏中输入表达式"人均客单 = SUM('Power BI 订单报表'[买家实际支付金额])/COUNTROWS(VALUES('Power BI 订单报表'[买家会员名]))"，生成一个新的字段[人均客单]。

★★注意：在 VALUES('Power BI 订单报表'[买家会员名])中，将[买家会员名]的唯一值取出来，也就是新建一张客户清单；通过 COUNTROWS(VALUES('Power BI 订单报表'[买家会员名]))计算客户数量（不重复的）。

步骤 3：将字段"人均客单"拖曳到"表格"对象的"值"区域，按"买家实际支付金额"降序排列，结果显示如图 4-11 所示。

省/直辖市	买家实际支付金额 ▼	买家会员名 的计数	人均客单
广东省	52335	218	240.07
上海	27801	123	226.02
江苏省	23548	117	201.26
浙江省	21998	111	198.18
北京	19822	85	233.20
四川省	12192	58	210.21
山东省	12048	50	240.96
湖北省	11057	52	212.63
重庆	10600	46	230.43
安徽省	9787	48	203.90
湖南省	8832	36	245.33
河北省	8495	41	207.20
广西壮族自治区	7603	38	200.08
辽宁省	7547	37	203.97
福建省	7505	41	183.05
河南省	7457	37	201.54
陕西省	7056	35	201.60
黑龙江省	6586	32	205.81
云南省	6543	29	225.62
天津	6367	31	205.39
江西省	6212	32	194.13
贵州省	4887	21	232.71
甘肃省	4561	19	240.05
新疆维吾尔自治区	3253	13	250.23
吉林省	3069	18	170.50
内蒙古自治区	2465	12	205.42
总计	305995	1197	255.63

图4-11　按"买家实际支付金额"降序排列

★★注意：按"人均客单"升序排序，如图 4-12 所示，不同地域在"人均客单"上存在差异，可以通过对比不同省/直辖市的订单，制定更详细的营销推广策略。

省/直辖市	买家实际支付金额	买家会员名 的计数	人均客单 ▲
吉林省	3069	18	170.50
福建省	7505	41	183.05
江西省	6212	32	194.13
海南省	1379	7	197.00
浙江省	21998	111	198.18
广西壮族自治区	7603	38	200.08
江苏省	23548	117	201.26
河南省	7457	37	201.54
陕西省	7056	35	201.60
安徽省	9787	48	203.90
辽宁省	7547	37	203.97
天津	6367	31	205.39
内蒙古自治区	2465	12	205.42
黑龙江省	6586	32	205.81
河北省	8495	41	207.20
青海省	1257	6	209.50
山西省	2311	11	210.09
四川省	12192	58	210.21
湖北省	11057	52	212.63
云南省	6543	29	225.62
上海	27801	123	226.02
重庆	10600	46	230.43
贵州省	4887	21	232.71
北京	19822	85	233.20
西藏自治区	472	2	236.00
宁夏回族自治区	950	4	237.50
总计	305995	1197	255.63

图4-12　按"人均客单"升序排列

4．地域分布的四象限

为了便于观察各个省份的情况，可以添加四象限图形。

步骤 1：在"主页"选项卡的"自定义视觉对象"组中选择"来自应用商店"选项，如图 4-13 所示。

图4-13　自定义视觉对象

步骤 2：弹出"Power BI 视觉对象"对话框，在搜索栏中搜索"quadrant"，添加"Quadrant Chart by MAQ Software"对象，如图 4-14 所示。

图4-14　自定义视觉对象按钮

步骤 3：使用"Quadrant Chart by MAQ Software"新建一个视觉对象，选中该新建的对象进行格式设置，将"Legend Axis"设置为"省/直辖市"，"X Axis"设置为"买家会员名的计数"，"Y Axis"设置为"人均客单"，"Radial Axis"设置为"买家实际支付金额"，如图 4-15 所示。

步骤 4：单击"对象设置"按钮，设置 Y 轴的范围为 160～260，如图 4-16 所示。

图4-15　四象限的格式设置

图4-16　对象设置

步骤 5：为四个象限分别设置名称，如图 4-17 所示。

图4-17 四象限的名称设置

步骤6：设置后的四象限图形如图 4-18 所示。

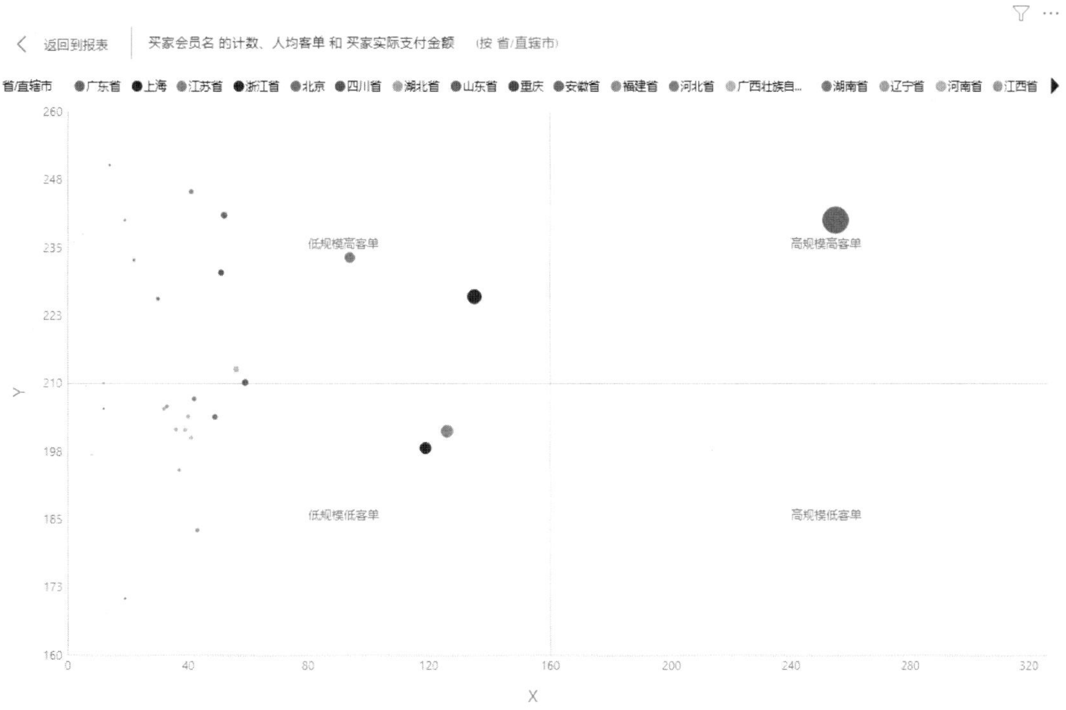

图4-18 四象限图形

◎ 分析结论

（1）销售业绩分析：销售业绩最高的地域分别是广东省、上海、江苏省、浙江省、北京，其中浙江省的人均客单与其他 4 省/直辖市相差较大，可以重点分析浙江省的销售订单，广告方面可以针对广东省、上海、江苏省和北京加大或优化投放策略。

（2）不同的象限对应不同的策略：低规模高客单的地域可能是因为广告投放不到位或市场营销不到位，可以考虑适当加大市场投入，刺激会员规模增长；高规模高客单的地域是重点维护的地域，要保持市场投入和营销策略，甚至可以考虑加大投入；低规模低客单的地域在精力有限的情况下可以放弃，在精力足够的情况下可以开展调研等工作，研究该地域市场的拓展方案；高规模低客单的地域可以尝试投放组合优惠套餐，提高关联销售从而提高客单。

任务 2　客户流失分析

随着科学技术的发展和企业经营水平的不断提高，产品和服务的差异化程度越来越低，市场上相似的产品与服务越来越多，竞争品牌之间的差异也越来越小，客户因改变品牌所承受的风险也大大降低了，因此，当前企业普遍存在客户易流失的情况。与此同时的另一个变化是，电商企业获取客户的成本越来越高。据统计现在获取一个新客户的成本在 100 到 1000 元之间，产品的毛利越高，获取新客户的成本就越高，对比新客户，获取一个老客户的平均成本不到 10 元。其实，美国学者 Reichheld 和 Sasser 于 1990 年在哈佛商业评论上发表的一篇文章认为，获得一个新客户的成本是保留一个老客户的成本的 5 倍，后来这个数字被广为认可。因此，越来越多的电商企业开始重视研究客户并付诸实践，从而对客户流失进行分析，找到客户流失的具体原因，通过数据管理及分析帮助企业有效地防止新老客户流失。

◎ 知识准备

一、客户流失

1. 客户流失的定义

由于企业各种营销手段的实施而导致客户和企业中止合作的现象就是客户流失。

2. 客户流失的原因

客户流失一般有企业的原因，例如，有的客户对价格不满意，有的客户对产品质量或功能不满意，有的客户对客服不满意。当然有些导致客户流失的因素是客户本身造成的。例如，有的客户因为需求转移或消费习惯改变而退出某个市场；有的客户对企业提供的好的服务或产品的差异根本不在乎，从而转向其他企业，并不是因为对原企业不满意，而只是因为自己想尝试一下新企业的产品或服务，或者只是想丰富自己的消费经历；有的客户由于搬迁、成长、衰退甚至破产而流失；也有由于客户的采购主管、采购人员的离职等而导致客户流失。

3. 区别对待不同的客户流失

在资源有限的情况下，企业应该根据客户的重要性来分配投入挽回客户的资源，挽回的重点应该是流失的好客户，这样才能实现挽回效益的最大化。

对关键客户的流失要极力挽回；对普通客户的流失要尽力挽回；对小客户的流失可见机行事；对劣质客户的流失可以彻底放弃不挽留。

4. 客户流失的挽回措施

企业需要找出客户流失的原因及关系破裂的"症结"，然后"对症下药"，有针对性地采取有效的挽回措施。

首先，深入了解客户流失的原因，企业要在第一时间积极地与流失客户联系，并虚心听取客户的意见、看法和要求，让客户感受到企业的关心。然后根据客户流失的原因制订相应的措施，以挽回流失的客户，可以在产品、服务、广告、促销上面多进行一些创新，从而将客户吸引回来。

在本案例中，根据客户地域分析的结果，重点对待高规模高客单区域的客户，关注他们下单后的痕迹，对于下单之后没有及时付款的客户，进行及时、有效的跟踪和客服推介，以有效锁定客户。

二、本项目使用的函数说明

DATEDIFF 函数说明如下。

函数功能：返回两个日期的单位间隔（可指定时间单位）。

函数语法：DATEDIFF(起始时间,结束时间,时间单位)。

◎ 任务实施

客户在下单后不付款导致订单关闭，淘宝订单在下单后 24 小时内不付款就会自动取消订单，通过分析流失订单的共性和订单成功付款的平均时间间隔，找到降低客户（订单）

流失的方法。

1. 统计流失金额

步骤 1：创建一个"表格"对象，选中"Power BI 订单报表"，并将字段"省份""买家应付货款""买家会员名"拖曳到"表格"对象的"值"区域，如图 4-19 所示。

步骤 2：单击"买家会员名"下拉按钮，在弹出的快捷菜单中选择"计数（非重复）"命令，将"买家会员名"设置为"计数（非重复）"，并将"买家会员名"重命名为"会员数"，如图 4-20 所示。

图4-19 设置"表格"对象的"值"　　　　图4-20 "买家会员名"设置

步骤 3：将字段"订单状态"拖曳到"此页上的筛选器"列表框，勾选"交易关闭"复选框以筛选"交易关闭"的订单，如图 4-21 所示。

步骤 4：在页面工作区查看各个地域会员流失的情况，流失总金额为 96 845 元，流失会员数为 380 人，如图 4-22 所示。

图4-21　筛选器设置

省份	买家应付货款 ▼	会员数
广东省	24823	76
浙江省	6578	36
山东省	6140	29
上海	5506	27
江苏省	5232	29
四川省	4149	19
辽宁省	3632	12
北京	3417	15
重庆	3230	12
安徽省	2663	10
河南省	2643	10
总计	96 845	380

图4-22　各个地域会员流失情况

2．分析订单付款时间间隔

分析订单从创建到付款的时间间隔，可以掌握客户付款的最佳时期。

步骤 1：选中"Power BI 订单报表"，在"建模"选项卡"计算"组中选择"新建列"选项，如图 4-23 所示。

图4-23　新建列

步骤 2：在编辑栏中输入表达式"时间间隔 = DATEDIFF('pbi 订单报表' [订单创建时间],'pbi 订单报表' "订单付款时间",HOUR)"，生成一个新的字段"时间间隔"，同时用"订单付款时间"减去"订单创建时间"，计算出时间间隔。

步骤 3：创建一个"表格"对象，将字段名"时间间隔"和"买家会员名的计数"拖曳到"表格"对象的"值"区域，如图 4-24 所示，将"时间间隔"设置为不汇总，"买家会员名的计数"设置为计数，在"此页上的筛选器"列表框中设置"订单状态"，取消勾选"等待买家付款"和"交易关闭"复选框，如图 4-25 所示。

图4-24　表格对象值设置　　　　　　图4-25　筛选器设置

步骤 4：查看结果，如图 4-26 所示。

时间间隔	买家会员名 的计数
0	1467
1	27
2	4
3	2
4	2
5	2
6	2
7	1
8	1
9	3
10	1
11	1
12	2
总计	1529

图4-26 时间间隔统计结果

◎ 分析结论

（1）广东省会员流失情况严重。

（2）从下单到付款在 1 个小时内的付款率最高，1 个小时以上不付款的订单就非常容易流失，因此可以设置催单机制，在 1 个小时内通过有效的方式对客户进行催单。

任务3 客户生命周期分析

客户作为企业的重要资源，具有生命周期和价值。在客户生命周期的不同阶段，客户对企业受益的贡献是不同的。分析客户在生命周期的不同阶段，准确地开展营销和维系，最后实现数据驱动精准营销的目的，是提高企业资源使用效率的重要方法。

在本案例中，对客户数据进行分析，通过客户消费时间间隔、消费时间间隔的累积占比，确定客户的生命周期，以便企业进行营销活动。

◎ 知识准备

一、客户生命周期

客户生命周期理论由产品生命周期理论发展而来。所谓的客户生命周期指一个客户对企业而言是有类似生命一样的诞生、成长、成熟、衰老、死亡的过程。

客户生命周期一般分为五个阶段。

（1）客户获取，发现和获取潜在客户，并通过有效渠道提供合适的价值定位以获取客户。

（2）客户提升，通过刺激需求的产品组合或服务组合把客户培养成高价值客户。

（3）客户成熟，使客户使用新产品，培养客户的忠诚度。

（4）客户衰退，建立客户预警机制，延长客户的生命周期。

（5）客户流失，运用新的营销策略吸引回流失的客户。客户生命周期图如图 4-27 所示。

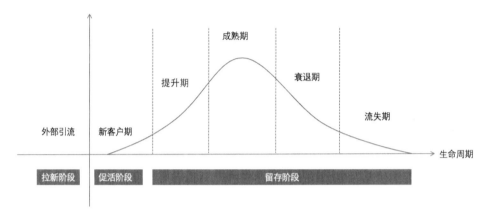

图4-27　客户生命周期图

二、本项目使用的函数说明

1．List.FirstN 函数

函数功能：取出列表中的前 N 行，返回一个新列表。

函数语法：List.FirstN(列表格式的列名，行的数量)。

2．List.Count 函数

函数功能：计算列表中的元素个数。

函数语法：List.Count(列表格式的列名)。

3．List.Max 函数

函数功能：计算列表中最大的值。

函数语法：List.Max(列表格式的列名)。

4．List.Min 函数

函数功能：计算列表中最小的值。

函数语法：List.Min(列表格式的列名)。

5．Duration.Days 函数

函数功能：返回日期天数。

函数语法：Duration.Days (日期)。

6．Number.Round 函数

函数功能：四舍五入。

函数语法：Number.Round(数值)。

◎ 任务实施

通过研究客户生命周期制订客户回访方案，本例使用 Power Query 结合 DAX，计算每个客户最近一次消费的时间间隔，根据客户最近一次消费的时间间隔的比例，确定客户生命周期。

1．提取客户最近的消费间隔

步骤 1：在 Power Query 编辑器中，将"pbi 订单报表"复制出一份副本，只保留"买家会员名"和"订单付款时间"两列，删除其他列，将新表重命名为"订单报表"，如图 4-28 所示。

查询 [4]		AᴮC 买家会员名	订单付款时间
pbi 宝贝报表	1		2016-10-31 23:45:00
pbi 成本表	2		2016-10-31 23:25:00
pbi 订单报表	3		2016-10-31 23:16:00
订单报表	4		null
	5	y	2016-10-31 22:27:00
	6	绿	2016-10-31 22:25:00
	7		2016-10-31 22:02:00
	8		2016-10-31 22:00:00

图4-28　复制报表

步骤 2：将数据按照"买家会员名"进行分组汇总，在"主页"选项卡"转换"组中选择"分组依据"选项，如图 4-29 所示。

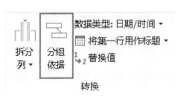

图4-29　分组依据

步骤 3：将"分组依据"设置为"买家会员名"，其他参数可以默认不改，单击右下角的"确定"按钮，如图 4-30 所示。

分组依据

⊙ 基本　　○ 高级

指定分组所依据的列以及所需的输出。

分组依据

| 买家会员名 | ▾ |

新列名　　　　　　　　操作　　　　　　　　　　列

| 计数 |　| 对行进行计数　　　▾ |　|　▾ |

确定　　取消

图4-30　分组依据对话框设置

步骤 4：分组汇总后的结果如图 4-31 所示，要计算时间间隔，就需要修改公式。

	A^BC 买家会员名	▾	1.2 计数	▾
1	笨			1
2	亦沽`			1
3	---			3
4	tt			15
5	γ…			12
6	沉问绿			1
7	二注额			1
8	t			5

图4-31　分组汇总后的结果

步骤 5：在"主页"选项卡"查询"组中单击"高级编辑器"按钮，如图 4-32 所示。

图4-32　高级编辑器

步骤 6：选择"分组的行"这一行公式，如图 4-33 所示。

```
let
    源 = Excel.Workbook(File.Contents("C:\Users\Admin\Desktop\零一.xlsx"), null, true),
    ExportOrderList201803300915_Sheet = 源{[Item="ExportOrderList201803300915",Kind="Sheet"]}[Data],
    提升的标题 = Table.PromoteHeaders(ExportOrderList201803300915_Sheet, [PromoteAllScalars=true]),
    更改的类型 = Table.TransformColumnTypes(提升的标题,{{"买家会员名", type text}, {"买家应付货款", type number}, {"买家应付邮费", Int64.Type}, {"买
    筛选的行 = Table.SelectRows(更改的类型, each ([#"订单付款时间 "] <> null)),
    删除的列 = Table.RemoveColumns(筛选的行,{"买家应付货款", "买家应付邮费", "买家支付积分", "总金额", "返点积分", "买家实际支付积分", "订单创建时间",
    分组的行 = Table.Group(删除的列, {"买家会员名"}, {{"计数", each Table.RowCount(_), type number}})
in
    分组的行
```

图4-33　选择公式

步骤 7：将"Table.RowCount(_)"修改成"[#"订单付款时间"]"，"number"修改成"list"，如图 4-34 所示。

```
let
    源 = Excel.Workbook(File.Contents("C:\Users\Admin\Desktop\零一.xlsx"), null, true),
    ExportOrderList201803300915_Sheet = 源{[Item="ExportOrderList201803300915",Kind="Sheet"]}[Data],
    提升的标题 = Table.PromoteHeaders(ExportOrderList201803300915_Sheet, [PromoteAllScalars=true]),
    更改的类型 = Table.TransformColumnTypes(提升的标题,{{"买家会员名", type text}, {"买家应付货款", type number}, {"买家应付邮费", Int64.Type}, {"买
    筛选的行 = Table.SelectRows(更改的类型, each ([#"订单付款时间 "] <> null)),
    删除的列 = Table.RemoveColumns(筛选的行,{"买家应付邮费 ", 买家应付邮费 , 买家支付积分 , 总金额 , 返点积分 , 买家实际支付积分 , 订单创建时间 ,
    分组的行 = Table.Group(删除的列,{"买家会员名"},{{"计数", each [#"订单付款时间 "] , type list}})
in
    分组的行
```

图4-34 修改公式

★★**注意**：[#"订单付款时间"]用的是英文双引号，该字段名后有一个空格。

步骤 8：修改后，每个会员在店铺消费的时间都会统计在列表（List）中，如图 4-35 所示。

查询 [4]			
		买家会员名	计数
pbi 宝贝报表	1		List
pbi 成本表	2		List
pbi 订单报表	3		List
订单报表	4		List
	5		List
	6		List
	7		List
	8		List
	9		List
	10		List

图4-35 修改公式后的结果

步骤 9：由于订单数据本身是按时间最近排序的，最近的订单排在表格的前面，因此在聚合成 List 后也会按时间最近排序，只要取出 List 中的前两个日期即可，在"添加列"选项卡"常规"组中单击"自定义列"按钮，如图 4-36 所示。

步骤 10：将"新列名"设置为"最近两次交易的时间"，输入公式"=List.FirstN([计数],2)"，如图 4-37 所示。

图4-36 自定义列

新列名

最近两次交易的时间

自定义列公式：

=List.FirstN([计数],2)

图4-37 设置新列

步骤 11：再添加新列，将"新列名"设置为"列表数量"，如图 4-38 所示，计算出列表中日期的天数。

步骤 12：取消勾选"1"复选框，过滤掉一次成交的客户，如图 4-39 所示。

新列名

列表数量

自定义列公式:

= List.Count([最近两次交易的时间])

搜索

■ (全选)
□ 1
☑ 2

图4-38　设置新列　　　　　　　　　　　图4-39　过滤一次成交的客户

步骤 13：添加新列，输入公式，如图 4-40 所示，计算出两次交易的时间间隔。

自定义列　　　　　　　　　　　　　　　　　　　　　　　　　　×

添加从其他计算的列。

新列名

最近消费时间间隔

自定义列公式 ①

= Number.Round(Duration.Days(List.Max([最近两次交易的时间])
  -List.Min([最近两次交易的时间])))

可用列

买家会员名
计数
最近两次交易的时间
列表数量

<< 插入

了解 Power BI Desktop 公式

✓ 未检测到语法错误。　　　　　　　　　　　　　　　确定　　取消

图4-40　设置新列

步骤 14：计算出"最近消费时间间隔"后，再进行分组汇总，在"主页"选项卡中选择"分组依据"选项，分组依据设置如图 4-41 所示。

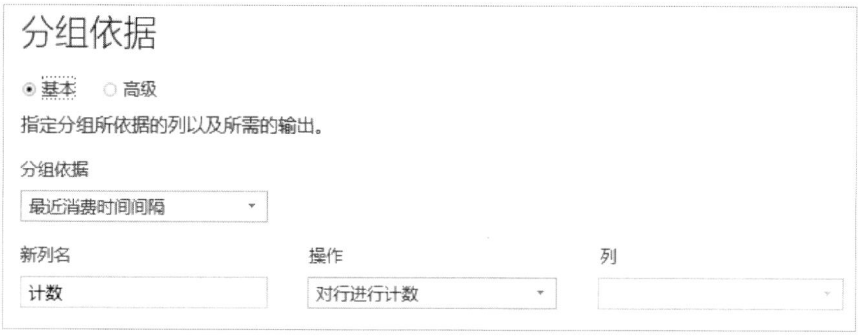

图4-41　分组依据

步骤 15：将“最近消费时间间隔”设置为升序，并将数据格式修改成整数，查看最终得到的表格，如图 4-42 所示。

	最近消费时间间隔	1.2 计数
1	1	12
2	2	14
3	3	8
4	4	8
5	5	6
6	6	9

图4-42　设置后的结果显示

步骤 16：设置完毕，在“主页”选项卡中单击“关闭并应用”按钮返回报表视图。

2. 计算消费间隔的累计占比

步骤 1：回到报表视图，选中“订单报表”，在“建模”选项卡的“计算”组中选择“新建列”选项，如图 4-43 所示。

步骤 2：在编辑栏中输入表达式，累积占比“= SUMX(FILTER('订单报表',EARLIER('订单报表'[最近消费时间间隔])>='订单报表'[最近消费时间间隔]),'订单报表'[计数])/SUM('订单报表'[计数])”。

步骤 3：创建一个“表格”对象，将“最近消费时间间隔”、“计数”和“累积占比”设置为“表格”对象，结果如图 4-44 所示。

图4-43　新建列

最近消费时间间隔 ▲	计数	累积占比
1	12	0.14
2	18	0.36
3	13	0.52
4	7	0.60
5	10	0.72
6	3	0.76
7	4	0.81
8	2	0.83
9	2	0.86
10	4	0.90
11	1	0.92
12	1	0.93
总计	83	12.24

图4-44　结果显示

步骤4：切换到数据视图，将"累积占比"设置为百分比格式。回到报表视图，观察结果，如图4-45所示。

步骤5：将"表格"对象设置成"折线和簇状柱形图"对象。将"折线和簇状柱形图"对象的"共享轴"设置为"最近消费时间间隔"，"列值"设置为"计数"，"行值"设置为"累积占比的总和"，如图4-46所示。

最近消费时间间隔	计数	累积占比 ▲
1	12	14.46%
2	18	36.14%
3	13	51.81%
4	7	60.24%
5	10	72.29%
6	3	75.90%
7	4	80.72%
8	2	83.13%
9	2	85.54%
10	4	90.36%
11	1	91.57%
12	1	92.77%
13	2	95.18%
14	1	96.39%
15	1	97.59%
20	2	100.00%
总计	83	1224.10%

图4-45　设置后结果显示

图4-46　"折线和簇状柱形图"对象设置

步骤 6：设置好的"折线和簇状柱形图"对象，如图 4-47 所示。

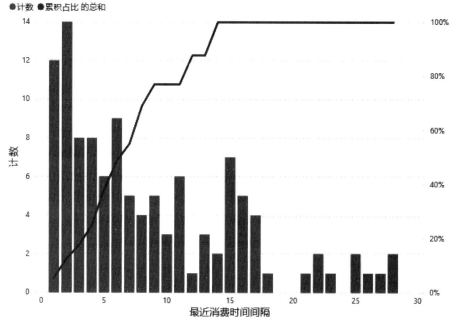

图4-47　折线和簇状柱形图

◎ 分析结论

时间间隔 12 天时累积占比超过 80%，说明在这个数据集中客户的生命周期为 12 天。经营者应该在 12 天之内，对客户进行营销活动。

任务 4　RFM 分析

电子商务的迅速发展积累了大量的客户消费数据，如何利用这些数据挖掘出影响客户满意度的重要因素，并准确地细分客户，对客户进行评价归类和有效管理，进而制定出合理的营销策略，应该是企业在客户关系管理过程中关注的重点。通过积累的客户数据的分析，可帮助企业分层次地进行个性化营销，实现企业利润更大化。

本案例采用 RFM 模型，通过对客户最近一次消费（Recency）、消费频率（Frequency）、消费金额（Monetary）三个指标的分析，确定客户的价值，以便判断企业现有客户的价值状况。

◎ 知识准备

一、RFM 模型

RFM 模型是一种客户价值细分的统计方法，是衡量客户价值和客户创利能力的重要工具和手段。根据美国数据库营销研究所 Arthur Hughes 的研究，客户数据库中有三个神奇的要素，这三个要素构成了数据分析的指标：最近一次消费 R、消费频率 F、消费金额 M。最近一次消费 R 表示客户最近一次交易距离当前分析的时间点的间隔时间，最近一次消费 R 值越小，代表客户与企业间再次交易的可能性越大。消费频率 F 表示客户在一定时间段内发生消费行为的次数，消费频率 F 值越大，代表消费频率越高。消费金额 M 表示客户在分析的时间段内与企业产生交易的总金额，消费金额 M 值越大，代表客户给企业带来的价值越大。

RFM 模型在反映客户价值及客户购买偏好方面具有良好的表征性，尤其适合单次消费金额相对较低、消费频率相对较高的电子商务行业。在电子商务行业中，利用强大的企业资源计划（ERP）或客户管理系统（CRM）系统能够快速地获取大量详细、完整的交易信息，对客户价值细分有较强的优势。利用 RFM 分析法的有效数据进行客户价值分析，通过对客户群体的细分，能够区分出不同价值的客户群体，有针对性地进行客户回访、维护，开展相关营销活动，将大大提升企业的竞争力。

二、客户打标

根据 RFM 模型的定义，大于均值的值标志为 "+"，小于均值的值标志为 "-"，共有 8 种组合，RFM 表如图 4-48 所示。

R	F	M	定义
+	+	+	重要价值客户
+	+	-	一般价值客户
-	+	+	重要保持客户
-	+	-	一般保持客户
+	-	+	重要发展客户
+	-	-	一般发展客户
-	-	+	重要挽留客户
-	-	-	一般挽留客户

图4-48　RFM 表

不同标签的客户有不同的策略。

（1）重要价值客户（+++）：最近一次消费时间较近，消费频率和消费金额都很高，属于企业的 VIP 客户，应该对他们重点关注，跟踪他们的消费行为，及时提供有效的高品质的服务。

（2）重要保持客户（-++）：最近一次消费时间较远，但消费频率和消费金额都很高，说明这是一段时间没来的忠诚客户，需要主动和客户保持联系。

（3）重要发展客户（+-+）：最近一次消费时间较近、消费金额高，但消费频率不高，这是忠诚度不高，但很有潜力的客户，必须重点发展。

（4）重要挽留客户（--+）：最近一次消费时间较远、消费频率不高，但消费金额高，这可能是将要流失或已经要流失的客户，应当给予挽留措施。

◎ 任务实施

客户价值分析可通过建立 RFM 模型对客户进行打标，本例通过 DAX 实现。

1．计算 R

步骤 1：计算每一笔订单距离现在的间隔。选中"Power BI 订单报表"，在"建模"选项卡的"计算"组中选择"新建列"选项，如图 4-49 所示。在编辑栏中输入表达式，时间间隔 " = DATEDIFF('Power BI 订单报表'[订单付款时间],TODAY(),DAY)"。

步骤 2：计算出最小的 R。选中"Power BI 订单报表"，在"建模"选项卡的"计算"组中选择"新建度量值"选项，如图 4-50 所示。

图4-49　新建列

图4-50　新建度量值

步骤 3：在编辑栏中输入表达式"R = MIN([时间间隔])"。

2．计算 F

步骤 1：计算 F，对"订单编号"计数。选中"Power BI 订单报表"，在"建模"选项卡的"计算"组中选择"新建度量值"选项。

步骤 2：在编辑栏中输入表达式"F = COUNTA([订单编号])"。

3．计算 M

步骤 1：计算 M，对"买家实际支付金额"求和。选中"Power BI 订单报表"，在"建模"选项卡的"计算"组中选择"新建度量值"选项。

步骤 2：在编辑栏中输入表达式"M = SUM([买家实际支付金额])"。

4．分析 RFM 模型

步骤 1：三个主要参数的度量值创建完毕，根据"买家会员名"进行汇总，在"建模"选项卡的"计算"组中选择"新表"选项，如图 4-51 所示。

图4-51　新建新表

步骤 2：在编辑栏中输入表达式"RFM=SUMMARIZE('Power BI 订单报表','Power BI 订单报表'[买家会员名],"R",[R],"F",[F],"M",[M])"，得到名称为"RFM"的新表。

步骤 3：根据规则计算每个客户的定位。选中"RFM"表，在"建模"选项卡的"计算"组中选择"新建列"选项。

步骤 4：在编辑栏中输入表达式"客户价值=IF('RFM'[R]>AVERAGE(RFM[R])&&'RFM'[F]>AVERAGE(RFM[F])&&'RFM'[M]>AVERAGE(RFM[M]),"重要价值客户",IF('RFM'[R]>AVERAGE(RFM[R])&&'RFM'[F]>AVERAGE(RFM[F])&&'RFM'[M]<AVERAGE(RFM[M]),"一般价值客户",IF('RFM'[R]<AVERAGE(RFM[R])&&'RFM'[F]>AVERAGE (RFM[F])&&'RFM'[M]>AVERAGE(RFM[M]),"重要保持客户",IF('RFM'[R]<AVERAGE(RFM[R]) &&'RFM'[F]>AVERAGE(RFM[F])&&'RFM'[M]< AVERAGE(RFM[M]),"一般保持客户",IF('RFM'[R]>AVERAGE(RFM[R])&&'RFM'[F]< AVERAGE(RFM[F])&&'RFM'[M]>AVERAGE(RFM[M]),"重要发展客户",IF('RFM'[R]>AVERAGE(RFM[R])&&'RFM'[F]<AVERAGE(RFM[F]) &&'RFM'[M]< AVERAGE (RFM[M]),"一般发展客户",IF('RFM'[R]<AVERAGE(RFM[R])&& 'RFM'[F]< AVERAGE(RFM[F]) &&'RFM'[M]>AVERAGE(RFM[M]),"重要挽留客户","一般挽留客户"))))))))"，多个 IF 嵌套后的结果如图 4-52 所示。

买家会员名	R	F	M	客户价值
头···	1408	1	159	一般价值客户
···	1408	1	159	一般价值客户
广·木	1408	1	159	一般价值客户
····	1408	1	159	一般价值客户
····	1408	1	159	一般价值客户

图4-52　客户价值表部分内容

步骤 5：创建一个"表格"对象，将"客户价值"和"买家会员名"设置为"表格"对象的"值"，"买家会员名"设置为计数，如图 4-53 所示。

步骤 6：汇总结果如图 4-54 所示。

图4-53　设置值

客户价值	买家会员名 的计数
一般保持客户	68
一般发展客户	434
一般价值客户	547
重要保持客户	131
重要发展客户	137
重要价值客户	31
重要挽留客户	93
总计	1441

图4-54　客户价值表

◎ 分析结论

企业客户数据较为集中，一般发展客户、一般价值客户较多。企业应加大营销力度，重视客户资源的挖掘和培养，逐步提升重要价值客户的比例。

在数据分析的基础上，建议企业做好如下方面。

（1）对不同客户采用不同的营销策略，把握客户内心的需求，发现客户的真实需求。

（2）把握客户的消费习惯和方式，在日新月异的市场上，努力使企业的服务跟上客户的需求，并更好地服务客户。

（3）开展多样化营销活动，让客户在企业开展的营销活动中体会产品的品质、价格、活动、氛围及服务等，刺激客户的消费欲望。

（4）电商企业成千上万，企业的产品要想获得立足之地，就要有独特的经营理念和技巧，走一条特色化经营道路。只有不断提供差异化、个性化、特色化的服务，企业才能持久地吸引客户，促进客户的购买欲望。

（5）注重打造企业的品牌，完善售前、售中和售后服务，让客户获得很好的消费体验。

同步实训

利用数字资源中提供的实训素材，进行客户地域分析、客户流失分析、客户生命周期分析、RFM 分析，并就企业客户管理方面给出建议。

课程思政与素质目标

改革开放初期，海尔从德国引进了世界一流的冰箱生产线。一年后，有客户反应海尔冰箱存在质量问题。海尔公司在给客户换货后，对全厂冰箱进行了检查，发现库存的 76 台冰箱虽然不影响冰箱的制冷功能，但外观有划痕。本着"客户至上，诚信为本"的原则，时任厂长的张瑞敏决定将这些冰箱当众砸毁，并提出有缺陷的产品就是不合格产品的观点，在社会上引起轰动。

海尔砸冰箱事件不但改变了海尔员工的质量观念，为企业赢得了美誉，而且反映出中国企业对客户诚信的意识，对中国企业及全社会诚信意识的提高产生了深远的影响。

项目 5
产品分析

近年来电商迅速发展，为了跟上市场节奏，很多企业纷纷在网上开直营店发展自己的网上零售。某 B2C 商城隶属于某大型国有集团，主要销售礼品、新奇特产品、小型电子产品，属于该集团的创新型业务，也是其向电子商务领域发展的尝试性举措。

由于需要展开网上商城业务，因此该企业需要重新研究适合网上经营的产品品类，从新的角度来审视相关业务，并做出经营决策。该企业需要从库存、成本、用户需求、销售优势等角度来重新整合业务，具体说来是从客户需求分析、商品分类、商品分级、商品与供应商关联、货架（或虚拟货架）管理、补货与配送操作、供应商分级、库存控制、商品促销、畅/滞销品控制、服务水平控制等一系列工作上重新规划和管理，这对商品管理工作来说是一个新的挑战。

产品分析是数据分析的最早形态，它指的是对商品的进货、销售、库存情况进行分析。

产品分析是典型的电子商务产品分析应用场景，通过对产品进行分析让企业了解产品的基本情况，为企业选择品类、了解销售地域、销售趋势、判断是否补货提供参考。一般会考虑采购价、销售价、付款金额、库存、销量等指标，因此将该项目围绕产品分析的需求拆解成如表 5-1 所示的三个任务，分别是品类销售分析、商品销售分析、补货预测模型。本项目以某企业店铺订单报表、宝贝报表、成本表、库存表为例展开分析。

表 5-1　产品分析项目的任务拆解表

项目	任务	数据指标	主要作用
产品分析	品类销售分析	采购价、销售价、购买数量等	判断品类销售情况
	商品销售分析	实际付款金额、总价等	判断商品的销售地域、销售趋势
	补货预测模型	库存、商品销量等	判断产品的补货周期

任务 1　品类销售分析

当电子商务企业运行一段时间以后，通过对品类销售情况的分析，不但可以判断企业的产品搭配是否合理，而且可以对店铺的品类结构不断进行优化，以满足目标客户群的需求。有了数据分析的支撑，品类调整不再是简单地以旧换新。

◎ 知识准备

一、品类的概念

按照国际知名的 AC 尼尔森调查公司的定义，品类即确定什么产品组成小组和类别，与消费者的感知有关，应基于对消费者需求驱动和购买行为的理解；而家乐福则认为品类即商品的分类，一个小分类就代表一种消费者的需求。

还有一种理解就是，品类即商品种类。我们这里认为，品类是顾客在购买决策中涉及的最后一级商品分类，由该商品分类可以关联到品牌，并且在该分类上可以完成相应的购买选择。品类又可细分为具体品类、抽象品类、伪品类。

品类是产品的一个子概念。

1．产品的定义

产品是指能够提供给市场被人们使用和消费，并能满足人们某种需求的东西，包括有形的物品、无形的服务、组织、观念或它们的组合。

2．产品的分类

产品的分类是指为了一定目的选择适当的分类标志，将产品集合进行科学地、系统地逐级划分的行为。产品分类包括产品的门类、大类、中类、小类、品类以至品种、花色、规格等。

产品的分类依据是分类的基础。产品的用途、原材料、生产方法、化学成分、使用状态等是产品本质的属性和特征，是产品分类中最常用的分类依据之一。

（1）按产品的用途分类。一切产品都是为了满足社会的某种需求而生产的，产品的用途是体现产品使用价值的标志，也是探讨产品质量的重要依据，因此被广泛应用于产品的研究、开发和流通。这不仅适用于对产品大类的划分，还适用于对产品种类、品种的进一步详细划分。

（2）按产品的原材料分类。产品的原材料是决定产品质量和性能的重要因素。原材料的种类和质量不同，产品的成分、性质、结构就不同。选择以原材料为标志的分类方法是产品的重要分类方法之一。此种分类方法适用原材料来源较多并对产品性能起决定作用的产品。

（3）按产品的生产方法分类。许多产品即使采用相同的原材料，但由于生产方法不同，也会使产品具有不同的质量特征，从而形成不同的品种。

（4）按产品的化学成分分类。由于产品中所含的化学成分、种类及数量对产品质量、性能、用途等有着决定性的或密切的影响，按化学成分的分类方法便于研究和了解产品的质量、特性、用途、效用和储存条件等，是研究产品使用价值的重要分类方法。

3．产品分类的方法

将产品按大类、中类、小类等进行分类。

产品的大类一般根据产品生产和流通的行业来划分，既要与生产行业对口，又要与流通组织相适应，例如，食品、纺织品、百货、五金、文化用品等。产品的中类、小类一般是按中、小行业或"专业"来划分的。产品品类或品目是指具有若干共同性质和特征的产品总称，它们各自包括若干产品，如针棉织品、五金电料、塑料制品、橡胶制品等。

产品品种是按产品的性能、成分等方面特征来划分的，是指具体产品的名称，如电视机、洗衣机、电冰箱等。产品细目是对产品品种的详细区分，包括产品的规格、花色、质量等级，它能更具体地反映出产品的特征。

4．产品分类的类目及其应用实例

产品分类的类目及其应用实例如表 5-2 所示。

表 5-2　产品分类的类目及其应用实例

产品类目名	应 用 实 例	
产 品 门 类	消 费 品 1	消 费 品 2
产品大类	食品	日用工业品
产品中类	食粮	家用化学品
产品小类	乳及乳制品	肥皂、洗涤剂
产品品类或品目	奶	肥皂

产品类目名	应用实例	
产品门类	消费品 1	消费品 2
产品种类	牛奶	浴皂、洗衣皂
产品亚种	饮用牛奶	香皂
产品品种	全脂饮用牛奶	牛奶香皂

在本项目中，我们以产品的最后一级产品分类，即"产品品种"作为产品的分类及后面的分析依据，消费者可以由该分类再关联到品牌，并且在该分类上可以完成相应的购买选择。

二、产品整体概念

产品是指具有某种特定物质形状和用途的物品，是看得见、摸得着的东西，这是一种狭义的定义。市场营销学认为，广义的产品是指人们通过购买而获得的能够满足某种需求和欲望的物品的总和，它既包括具有物质形态的产品实体，又包括非物质形态的利益，这就是产品整体概念。

产品整体概念包括三个方面的内容：实质产品（又称核心产品）、形式产品和附加产品。

1. 实质产品

实质产品是指消费者在购买某种产品时所追求的基本服务和利益，是顾客真正要买的东西，是在产品整体概念中最基本、最主要的部分。消费者购买某种产品，并不是为了占有或获得产品本身，而是为了获得能满足某种需要的效用或利益。例如，买自行车为了代步，买面包为了充饥，买化妆品希望美丽、体现气质、增加魅力等。因此，企业在开发产品、宣传产品时应明确产品能提供的效用或利益，这样产品才具有吸引力。

2. 形式产品

形式产品即有形产品，是核心产品借以实现的载体，即向市场提供的实体和服务的形象。如果有形产品是实体物品，则它在市场上通常表现为产品质量水平、外观特色、品牌名称和包装等。产品的基本效用必须通过某些具体的形式才得以实现。

3. 附加产品

附加产品是顾客购买有形产品时所获得的全部附加服务和利益，包括提供信贷、免费送货、保证、安装、售后服务等。附加产品的概念来源于对市场需要的深入认识。因为购买者的目的是满足某种需要，因而他们希望得到与满足该项需要有关的一切。

三、产品分析

产品分析是指对产品的产量、品种、质量三个方面进行分析，以传统的工业生产来分析这三个方面。

（1）产量分析的主要内容是分析计划完成情况、生产进度情况和技术经济指标变动对产量的影响，计划完成情况一般在每月生产完成之后进行统计，其主要依据是产量统计报表。

（2）一种品种分析的内容是考核产品品种的完成情况，分析的具体方法可以用完成计划的品种的产量除以计划规定生产的品种的产量，也可用完成计划的品种的产值除以计划规定生产的品种的产值。另一种品种分析的内容是考核零部件生产的成套性，其分析的方法是，分别计算出各零部件月产量所能装配的成品数，将这些数字和计划所需完成的装配成品数比较，就能掌握缺件的种类和欠缺的程度。

（3）质量分析的主要任务是审查产品是否达到了规定的质量标准，以及寻找造成产品质量不合标准的原因，其原因涉及材料、设计、工艺、成本。

产品分析在互联网时代有了新的含义和思维。

四、品类管理的意义

品类管理在传统行业中并不新鲜，品类管理是零售商经营和零售商与供应商合作的重要战略。品类管理对于电子商务的作用也非常大，是电子商务盈利的一个重要手段。

品类管理通过分析消费者的购物喜好和购物行为，同时分析商品的关联性和替代性，制定商品的展示、定价、促销、管理等行为的一种管理方法。

（1）通过品类分析和管理，研究消费者的购物习惯和喜好，结合网站自身的人群可以决定哪些品类重点发展，哪些品类为附加分类，这在一定程度上会帮助网站更好地进行销售。

（2）通过对某个品类的研究，决定哪些为重点推荐商品，哪些为补充商品，哪些为可以放弃的商品。

（3）通过研究商品关联提升客单价。品类的研究有时对提升客单价有至关重要的作用。在电子商务中，顾客购物的目的性虽然和传统商务没有太大的区别，但是寻找关联商品的目的性却不强，于是使用搜索系统的比例也就不高，所以商品之间的关联也就成了提高客单价的主要手段，无论是在单品页面的推荐，还是在购物车页面的推荐，都会有相当一部分商品促成客户购买，加上一般只收一次邮费，这样就可以顺利地提升客单价，此时对关联商品的选择非常重要，所以更加需要对品类进行研究。

五、电商产品品类结构规划

在电子商务运营中，除了保证产品质量，还需要合理规划产品的结构。产品结构规划的目的是让不同的产品扮演不同的角色，做到最优组合，共同实现产品销量最大化。

产品结构规划中一般会将产品分成三类，分别是：引流产品、利润产品和形象产品。引流产品负责带来流量，利润产品负责贡献利润，形象产品负责提高形象。这三类产品各自扮演不同的角色，完成不同的任务，共同搭建了企业的产品结构金字塔，如图 5-1 所示。

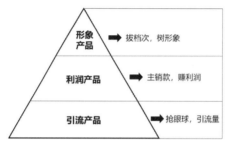

图5-1　产品结构金字塔

1．引流产品

引流产品是强烈地吸引受众关注，可以给网店带来流量的产品。

（1）选择引流产品的标准：一般是大众刚需产品，必须有超高性价比。

（2）打造引流产品的方法如下。

- 设计免费体验产品，比如，针对服务型产品推出免费体验的活动。
- 设计招牌噱头类产品，比如，小米手机是小米的招牌产品，同时也是小米的引流产品，通过性价比很高的小米手机聚集了海量用户，再通过小米商店，利用广告分成，链接其他小米生态链产品的销售获取利润。
- 设计检测咨询类产品，比如，人们在工作和生活中常常会遇到心理问题、学习问题、情感问题、职场问题等，这些问题和困扰使人们迷茫痛苦，人们希望能有专业人士指点迷津。这时可以设计检测咨询类产品，通过检测让受众明白自己面临的问题，通过咨询让受众能得到针对性的意见。受众对前端的检测咨询类产品有了信任，就有可能消费后端的利润产品。

2．利润产品

利润产品就是能赚取大量利润的产品，它不一定要利润率高，但是销量要大，在确保销量够大的情况下，维持合理的利润率，这样就可以卖得多赚得多，因此利润产品也称主销款。

打造利润产品的条件：利润产品是引流产品的升级款，产品要供应稳定，保证库存。

3．形象产品

形象产品是用来树立提高品牌形象的产品。形象产品高质、高价、高利润，但因为其处在产品结构金字塔的顶端，所以市场很窄，受众很少。虽然价格和利润很高，但因为销量很少甚至没销量，所以不是企业产品利润的主要来源。它存在的主要目的就是展示品牌能力，拉升品牌档次。

◎ 任务实施

1．建立关系模型

通过观察数据字段，在"成本表"的"品类"字段中发现品类信息，要分析"订单报表"和"宝贝报表"可以通过"订单编号"列建立关系，"宝贝报表"和"成本表"可以通过"商家编码"列建立关系。

步骤1：单击关系视图按钮，进入关系视图。

步骤2：在关系视图中将"订单报表"的"订单编号"拖曳到"宝贝报表"的"订单编号"中，创建关系；将"宝贝报表"的"商家编码"拖曳到"成本表"的"商家编码"中，创建关系，如图5-2所示。

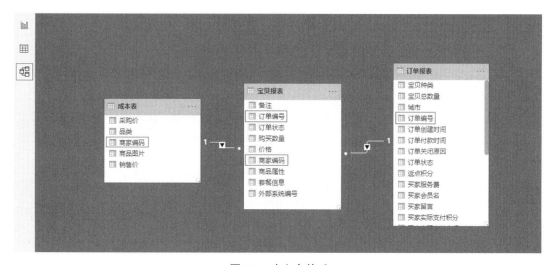

图5-2　建立表关系

2．合并查询

步骤1：切换到数据视图，进入"Power Query 编辑器"，编辑"宝贝报表"，筛选"订单状态"列，取消勾选"交易关闭""等待买家付款"复选框，如图5-3所示。

步骤 2：打开"Power Query 编辑器"，在"主页"选项卡"组合"中单击"合并查询"→"将查询合并为新查询"命令，如图 5-4 所示。

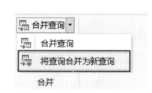

图5-3　筛选　　　　　　　　　　　　　　　　　图5-4　合并查询

步骤 3：在"合并"对话框中，分别单击"宝贝报表"和"成本表"的"商家编码"列，将其设置为匹配列，单击"确定"按钮，如图 5-5 所示。

图5-5　"合并"对话框

步骤4：默认创建的新查询名为"合并1"，并在查询最后一列后面出现一个"Table"类型的列，如图5-6所示。

A^B_C 商家编码	成本表
456026429338	Table
456026429338	Table
456026429338	Table
456026429338	Table
456026429338	Table
456026429338	Table
456026429338	Table
456026429338	Table
456026429338	Table
456026429338	Table
456026429338	Table
456026429338	Table

图5-6　合并结果

步骤5：单击列名右侧的按钮，展开"Table"字段，勾选字段"品类""销售价"复选框，取消勾选"使用原始列名作为前缀"复选框，如图5-7所示。

图5-7　展开"Table"字段

步骤6：展开"Table"字段后，两张表的字段合并完毕，结果如图5-8所示。

A^B_C 商家编码	A^B_C 品类	1.2 销售价
456026429338	减肥品	147
456026429338	减肥品	147
456026429338	减肥品	147
456026429338	减肥品	147
456026429338	减肥品	147
456026429338	减肥品	147
456026429338	减肥品	147
456026429338	减肥品	147

图5-8　两表合并后的部分数据

3．统计品类销售情况

步骤 1：在"添加列"选项卡"常规"组中单击"自定义列"按钮，如图 5-9 所示。

步骤 2：新建列名为"总价"，在"自定义列公式"栏中输入公式：=[购买数量]*[销售价]，如图 5-10 所示。将"总价"列设置为小数型。

图5-9　自定义列　　　　　　　　　　　图5-10　自定义列公式

★★注意：新建列"总价"的数据类型默认为任意类型，一定要将其设置为小数型，否则影响下面的操作结果。

步骤 3：单击"文件"→"关闭并应用"命令，将操作保存，回到报表视图。

步骤 4：在报表视图中添加一张"表格"对象，并将"合并 1"的字段"品类""总价"拖曳到"表格"对象的"值"区域，如图 5-11 所示，结果如图 5-12 所示。

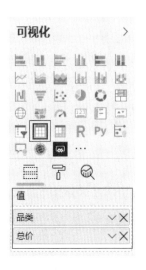

品类	总价
保健品	55,715.43
减肥品	134,727.68
美妆品	95,412.00
总计	**285,855.11**

图5-11　设置表格对象　　　　　　　　图5-12　设置后表格结果

步骤 5：将"表格"对象转变成"环形图"对象，并对其进行设置，如图 5-13 所示。

图5-13　设置环形图

步骤 6：单击"环形图"对象的"格式"按钮，将图例设置为"关"，详细信息设置为"开"，将标签样式设置为"类别，总百分比"，如图 5-14 所示。设置完毕的图形结果如图 5-15 所示。

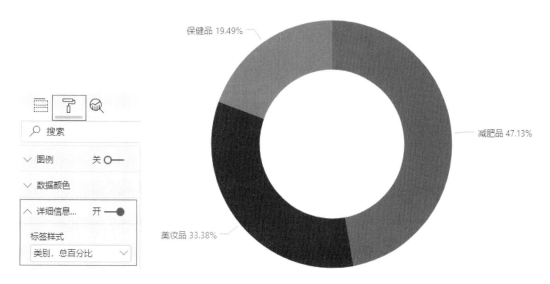

图5-14　设置环形图格式　　　　　　　　图5-15　环形图结果

步骤 7：新建一个"折线图"对象，将"订单报表"的字段"订单付款时间"拖曳到"轴"区域，保留"日"，并将"合并 1"的字段"品类"拖曳到"图例"区域，"总价"拖曳到"值"区域，如图 5-16 所示。结果显示如图 5-17 所示。

图5-16　设置折线图

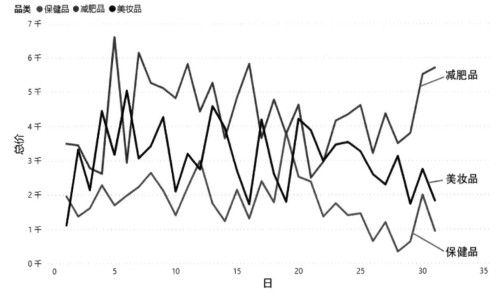

图5-17　折线图

◎ 分析结论

（1）该企业以减肥品类销售为主，以保健品类、美妆品类为辅。

（2）在产品品类结构设计中，可以在畅销类的减肥品类中选择1~3个产品作为引流产品以吸引客户进店，在保健品类中选择一定数量的产品作为利润产品，在美妆品类中选择几个作为形象产品来提升店铺的形象和品位。

（3）20日后店铺减肥品品类产品销售量呈上升趋势，而美妆品类、保健品品类销售量呈下降趋势。

任务 2 商品销售分析

在数据分析时，商品一般有两种状态：已销售商品和库存商品。因此，商品分析可以分为商品销售分析和库存分析。

商品销售分析是分析店铺的经营状况，根据用户属性和购买信息等数字为活动促销提供参考和指导。可以利用多维度分析法，从店铺维度分析用户数量、销售总量的波动情况；从用户维度分析用户群体特征，定位店铺的目标人群；从商品维度分析商品销量分布情况，找出热销和滞销商品，指导商品结构调整，并基于用户特征建立商品的搭配关系，推出搭配销售手段达到提高销量的目的。

本任务从商品维度出发，通过商品地域分布和销售趋势两个指数来分析店铺的销售状况。

◎ 知识准备

一、商品销售分析

1. 什么是商品销售分析

商品销售分析是对商品销售业务经营活动的分析。通过对店铺某段时期内的所有销售商品进行分类汇总，然后再进行数据统计与分析。通过商品的销售结构分析，可以为店铺运营者梳理清楚店铺当前的主销商品（见项目5任务1的内容），以及其销售表现，从而为运营者及时调整和优化销售策略提供可信的数据支撑。

商品销售是商品流转的终结，是商业企业的中心指标，直接体现商品分配供应的情况，反映市场变化趋势及企业工作质量和生产发展水平。

2. 商品销售的具体做法

第一步：分析商品销量的分布情况，找出热销和滞销商品。

第二步：分析商品的目标用户特征，建立热销产品和滞销产品之间的捆绑关系，推出捆绑营销。

第三步：分析商品销售的趋势，从中分析其发展趋势如何，有无周期性，根据发展趋势提前做出预案。

二、增维

增维是数据分析的思维方法之一，当数据中的维度不能很好地解释问题时，需要增加数据指标或度量值来辅助分析。

可以从不同维度进一步进行商品数据分析，比如商品分析的店铺维度、用户维度、商品维度等；还可以从时间维度、商品品类维度、价格维度等多个维度进行分析。

三、本项目使用的函数说明

Text.Contains 函数说明如下。

函数功能：判断文本 1 中是否包含文本 2，如果包含则返回 TRUE，如果不包含则返回 FALSE。

函数语法：Text.Contains(文本 1,文本 2)。

◎ 任务实施

1. 商品地域分布

在报表视图中添加一张"表"对象，并拖拽"订单报表"的字段"省/直辖市"和"合并 1"的"总价"到"表"对象的"值"区域，即可观察到图 5-18 所示的内容。

步骤 1：新建一个"切片器"对象，选中"切片器"对象，并将表"合并 1"的字段"商家编码"拖曳到"切片器"对象的"字段"区域，如图 5-19 所示，观察产品的销售分布。

步骤 2：再新增一个"成本表"的"品类"切片器，如图 5-20 所示。

步骤 3：为了让商品更加直观，加入产品图片对象，在"主页"选项卡"自定义视觉对象"组中单击"来自应用商店"按钮，弹出"Power BI 视觉对象"对话框，在搜索栏中搜索"image"，添加"Image by CloudScope"，如图 5-21 所示。

省/直辖市	总价
安徽省	9,218.28
北京	18,586.00
福建省	7,090.95
甘肃省	4,135.04
广东省	49,457.61
广西壮族自治区	7,234.88
贵州省	4,612.87
海南省	1,277.00
河北省	7,865.94
河南省	6,828.92
黑龙江省	6,160.74
湖北省	10,493.55
湖南省	8,198.79
吉林省	2,893.11
江苏省	21,795.19
江西省	5,900.48
辽宁省	7,090.88
内蒙古自治区	2,331.10
宁夏回族自治区	887.80
青海省	1,078.12
山东省	10,839.13
山西省	2,124.07
陕西省	6,601.05
上海	26,072.01
四川省	11,452.32
天津	5,967.72
总计	285,855.11

图5-18　各省/直辖市实际付款金额

图5-19　切片器对象

图5-20　切片器对象

图5-21　添加视觉对象

步骤 4：选择 Image 对象，并将"成本表"的"商品图片"列设置为 Image 对象的值，如图 5-22 所示，最终显示结果如图 5-23 所示。

图5-22　选择 Image 视觉对象

图5-23　显示结果

◎ 分析结论

由图 5-23 显示的结果可以看出，付款金额最多的地区依次是广东省、北京、河北省、安徽省和湖北省，这些数据可以提醒卖家重点锁定该地区的用户，并进一步做用户画像分析，根据用户特点深挖关联产品从而提高客单价。同时，可以针对这几个地区重点做些营销推广工作，以进一步扩大产品知名度，并提升客户忠诚度。

2. 产品销售趋势

步骤 1：创建一个"折线图"对象，将"订单报表"的"订单付款时间"设置在"折线图"对象的轴，保留"日"，将"省/直辖市"设置在图例，将"合并 1"的"总价"设置在值，如图 5-24 所示。

图5-24　设置折线图对象

步骤 2：将日期细化到日，如图 5-25 所示。

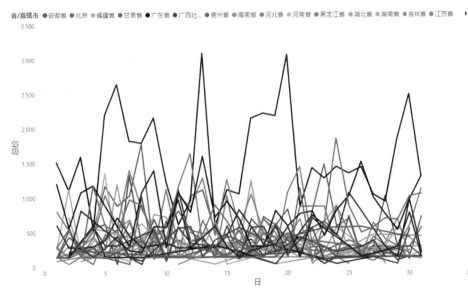

图5-25　折线图显示结果

步骤 3：为了便于观察，单击"此视觉对象上的筛选器"命令，将"省/直辖市"的筛选类型设置为"前 N 个"，显示项目为"上"，参数设置为"5"，"按值"设置为"合并 1"的"总价"，意思是按总价金额最大的 5 个省份，设置完毕单击右下角的"应用筛选器"按钮，如图 5-26 所示。

步骤 4：单击"折线图"对象的"格式"按钮，将 X 轴的类型设置为"类别"，如图 5-27 所示。

图5-26　设置筛选器

图5-27　设置 X 轴

步骤 5：将日期细化到日，如图 5-28 所示。

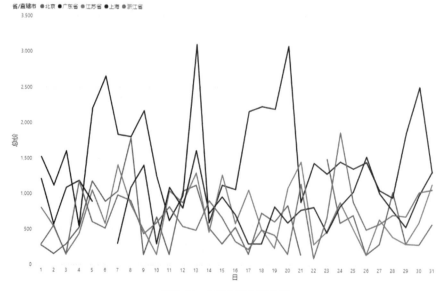

图5-28　折线图显示结果

◎ 分析结论

分析重点地区的销售趋势，发现湖北省、上海出现断点，说明该商品在上述地区的销售情况尚不稳定。卖家需要进一步找出销售波动背后的真实原因，从而有针对性地采取规避措施。

任务 3　补货预测模型

补货预测模型是零售业中常见的模型，根据预测方法将其分两类，第一类是业务建模，基于业务逻辑，使用四则运算估算一定周期的销量。第二类是算法建模，算法建模基于时序、回归等算法预测，本任务介绍业务建模的方法，基于日销的补货预测模型。

◎ 知识准备

一、库存管理

库存管理就是管理商品和数量之间的关系。库存系统是电商后台系统中不可或缺的一部分，是供应链管理的基础，是一个电商公司的核心能力之一。

库存是一个组织机构所持有的可供销售或自用的所有商品或物资材料，一般是在仓库中保存的一系列货项。库存是供应链或供应链中的一部分物资，它们以其数量、所存放的位置和价值来表示。因此库存可以理解为有三个重要的属性：数量、存放位置、价值。

库存管理非常重要，在柔性供应链管理中很多企业都在追求零库存，但是真正的零库存是相对的。保持一定的商品库存是为了减少供应商供货不到位或不确定性带来的风险，满足一些非计划的意外需求或临时需求，适应季节性或循环性的需求波动。虽然在供应链中有采购计划、销售计划，也有各种预测，但是实际的需求和预测是有差异的，而且从订货到收货期间涉及单据审核、生产、运输等诸多环节，环节越多周期可能就越长，从而不确定性就越大。所以掌握安全库存是非常必要的，在电商企业中促销活动频繁，有一定的库存量也是必需的。

二、库存涉及的部分

如果以商品位置来看，库存有四部分：供应商库存、仓库库存（如 DC、RDC、前置仓）、门店库存（如果有线下实体店）及在途库存。

在一般情况下，电商企业中更多关注的是仓库或门店部分库存，但在整个供应链中涉及上下游企业，上游供应商的库存也是非常重要的，它们的生产能力与供货情况严重影响未来的销售与服务。

三、库存结构分析

库存结构是指在商品结构的框架下，由商品数量构成的相互关联的库存架构。维度不同，分类的产品就不同，比如新旧款结构、大类性别比、系列分类、价格带等不同维度，可以分为畅销商品、平销商品、冷背商品、滞销商品等，还可以分为引流产品、利润产品、形象产品等。不同项目、不同季节、不同时间段、不同操作模式下的标准都不同，库存结构的合理是一个动态的过程。

不过，我们一般都会从库存结构的两个方面分析，即销售结构分类管理与库存结构层次控制。

1．销售结构分类管理

在一定时期内，各种商品销售额在全部销售额中所占的比例称为商品销售结构；根据不同维度的分析，企业可以在经营中找出主要品种、次要品种及一般品种，从而进行有区别的管理，这是 ABC 分类法。

2．库存结构层次控制

库存商品满足不同水平消费需求的组合形式称为商品结构层次，其在数值上的表现和销售结构类似。

四、库存绩效分析

库存绩效分析是对企业的库存绩效进行分析的过程，包括库存预警和补货数量的分析，帮助企业提高仓库管理能力，提高库存业绩，降低不良库存。

库存绩效分析主要包括监控库存量、库存周转率、售罄率和动销率，这是库存绩效分析的基本项。存货周转速度越快，存货占用水平越低，流动性越强，存货转化为现金或应收账款的速度就越快，这样就会增强企业的短期偿债能力及获利能力。

1．库存量

库存量是指仓库中存放货物的数量，一般库存量要根据 SKU 进行统计，商品在正常销售的过程中的库存量太大或为零都不好。

SKU（Stock Keeping Unit，最小库存单位）是一种表示库存进出计量的单位，在电子商务中被广泛引申为某款产品的统一编号，包括其商品的品牌、型号、等级、配置、单位、用途、产地、价格、生产日期、保质期等一系列属性，每一件商品的这些属性与其他任何商品都不一样，这样的商品称为一个单品，其 SKU 是独一无二的。如果同款商品有不同的属性，如大小、颜色、形状不同，则有多个 SKU。

2．库存周转率

库存周转率是在某一时间段内库存货物周转的次数，是反映库存周期快慢程度的指标。库存周转率越大，表明商品的销售情况越好。在商品保质期及资金允许的条件下，可以适当增加其库存控制目标天数，以保证合理的库存。反之，则可以适当减少其库存控制目标的天数。库存周转率的计算公式如下。

库存周转天数=时间段天数×（期初库存量+期末库存量）/2×时间段销售量

库存周转率=360/库存周转天数×100%

从公式中可知，减少库存周转天数可以提高库存周转率，从实际运营来分析，需要减少存货在库时间。

3．售罄率

售罄率是指在一定时间段内某种商品的销售量占总进货量的比例，售罄率是衡量商品收回销售成本和费用的一个考核指标，便于确定商品销售到何种程度可以进行折扣销售清仓处理的一个合理的标准。售罄率的计算公式如下。

售罄率=实际销售成本/总进货成本×100%

售罄率=实际累积销售数量/总进货数量×100%

售罄率计算期间通常为一周、一个月或一个季度。

4．动销率

动销率是反映某个阶段期间（比如某个月、某个季度或某年）企业销售商品的占比，反映了企业的商品运营能力，是考验采销部门和运营部门的核心指标之一。动销率的计算公式如下。

动销率=动销品种数/仓库总品种数×100%

动销率有别于电商的网店动销率，电商的网店动销率只考虑在线销售的品种数，不考虑仓库的总品种数，往往仓库的总品种数要大于在线销售的品种数。电商的网店动销率的计算公式如下。

电商的网店动销率=有销量的商品/在线销售的商品×100%

五、补货模型

在运营或采购过程中经常遇到哪些 SKU 需要补货，需要补多少货等场景。本任务介绍该场景的业务建模，以提高采购的工作效率和补货数量命中率（实际售罄误差在 15%内未命中）。

1．补货业务逻辑

补货要考虑现有库存量、未来可能产生的销量、安全库存量和供应链的补货周期，以及在买家下单时现有库存量能够支撑等待补货的时间，比如补货周期是 14 天，要提前预留超过 14 天的库存，在剩余 14 天库存时就要给工厂下单。

2．补货模型系统

完整的补货模型系统如图 5-29 所示，重点是对未来销量的预测，再结合安全库存、到货周期、在途库存和当前可使用的库存测算是否需要补货，补货量是多少，最后制订补货计划。

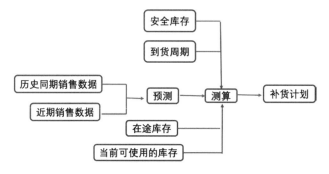

图5-29　完整的补货模型系统

六、本项目使用的函数说明

1．RELATED 函数

函数功能：返回与所选表相关的列的值，应用在表间已经创建关系，从关系表中查找相关数据。

函数语法：RELATED(列名)。

2．CEILING 函数

函数功能：将数字向上舍入到最接近的整数或基数的最接近倍数。

函数语法：CEILING(数值,基数)。

3．IF 函数

函数功能：检查是否满足作为第一个参数提供的条件。如果该条件为 TRUE，则返回一个值；如果该条件为 FALSE，则返回另一个值。

函数语法：IF(条件,条件为真时返回的值,条件为假时返回的值)。

◎ 任务实施

步骤 1：进入关系视图建模，将"pbi 订单报表"的"订单编号"列连接到"pbi 宝贝报表"的"订单编号"列，将"pbi 宝贝报表"的"商家编码"列连接到"pbi 库存表"的"商家编码"列，如图 5-30 所示。

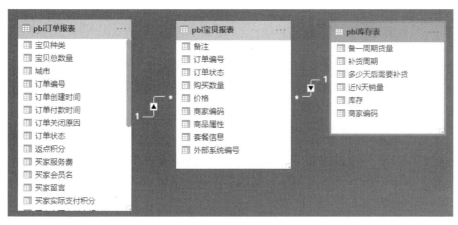

图5-30　建立关系

步骤 2：进入数据视图，选中"pbi 宝贝报表"，在"建模"选项卡"计算"组中选择"新建度量值"选项，计算商品"购买数量"的汇总，如图 5-31 所示。

步骤 3：在编辑栏中输入表达式：商品销量 = SUM('pbi 宝贝报表'[购买数量])。

步骤 4：进入数据视图，选中"pbi 库存表"，在"建模"选项卡"计算"组中选择"新建列"选项，计算每一个"商家编码"在补货期间产生的销售量，如图 5-32 所示。

图5-31　新建度量值

图5-32　新建列

步骤 5：输入表达式：近 N 天销量 = SUMX(FILTER('pbi 宝贝报表','pbi 宝贝报表'[商家编码]='pbi 库存表'[商家编码]&&DATEDIFF(RELATED('pbi 订单报表'[订单付款时间]),DATE(2019,1,30),day)<='pbi 库存表'[补货周期]),[商品销量])。

步骤 6：继续创建新列，计算现有库存还可以销售多少个补货周期，如果不足一个周期则向下取整，输入表达式：多少天后需要补货 = IF(CEILING(DIVIDE([库存],[近 N 天销量]),1)-1<0,0,CEILING(DIVIDE([库存],[近 N 天销量]),1)-1)*[补货周期]。

★★注意：

（1）CEILING(DIVIDE([库存],[近 N 天销量]),1)，是将除法后的数值，按整数 1 为基数舍弃小数点，并向上取整。

（2）IF(CEILING(DIVIDE([库存],[近 N 天销量]),1)-1<0,0,CEILING(DIVIDE([库存],[近 N 天销量]),1)-1)×[补货周期]，判断是否不需要补货，条件为真则返回 0，条件为假则返回所需要补货的周期。

步骤 7：继续创建新列，计算备一周期的库存量，输入表达式：备一周期货量 = IF([近 N 天销量]-[库存]>0,IF([多少天后需要补货]=0,[近 N 天销量]-[库存]+[近 N 天销量],0),0)。

步骤 8：转到视图模式，将"Power BI 库存表"的"商家编码"和"备一周期货量"设置为"表格"对象的值，并筛选"备一周期货量"大于 0 的行，单击"应用筛选器"按钮，如图 5-33 所示，结果如图 5-34 所示。

图5-33　显示结果

商家编码	备一周期货量 的总和
好欢螺螺蛳粉300G*3袋	34
优鲜沛蔓越莓干907g*1	84
总计	118

图5-34　显示结果

◎ 分析结论

不同商家备货周期不同，需根据市场销售情况按时补货。

同步实训

根据数字资源中提供的实训数据，对产品做品类、销售情况分析，并对产品做补货模型。

课程思政与素质目标

2016 年李克强总理在政府工作报告中强调培育精益求精的"工匠精神"。"工匠精神"是指工匠对自己的产品精雕细琢、精益求精的精神理念。一个历史悠久的企业，必须有"工匠精神"作为支持。

我国现代企业高速发展，竞争日益激烈，许多企业面临着管理模式升级、结构优化、全球化竞争加剧等一系列考验。随着近几年经济危机的发生，使以粗放经营为特征的中小型企业雪上加霜，数万企业纷纷倒闭，危机的压力让很多企业将"精益"重新纳入视野。只有精益求精才能立足市场，才能在激烈的竞争中脱颖而出。企业要良性发展，必然要重视产品，产品质量是企业的生命，没有了人们对企业产品质量的信任，就意味着企业的生命在衰弱。企业对待产品需要精雕细琢，以"工匠精神"对待这个企业的立足之本。

5

项目 6
流量分析

引例

又一个"双 11"进入冲刺阶段，开女装店的小张此时焦虑不安，因为自己的店铺操作得不理想，又毫无头绪，每天绷紧神经，进行各种优化调整。

其实小张担心的是自己店铺的访客量，也就是担心流量。流量是电商企业的命脉，电商企业都参与到流量之争，分析并优化流量成为电商运营最基本的技能之一。

任务拆解

这是典型的电子商务店铺流量分析应用场景。电商店铺需要通过各种途径争夺流量，更需要通过对现有流量数据的分析来了解流量的基本情况，为关键词分析判断提供参考。流量分析一般会考虑流量来源、访客数、来源明细、关键词使用情况等指标，因此该项目围绕流量分析的需求拆解成如表 6-1 所示的两个任务，分别是流量渠道分析、关键词有效度分析。本项目以某企业店铺流量来源表、关键词报表为例展开分析。

表 6-1　流量分析项目的任务拆解表

项　　目	任　　务	数 据 指 标	主 要 作 用
流量分析	流量渠道分析	流量来源、访客数	判断不同流量来源的访客数的情况
	关键词有效度分析	关键词、访客数、支付金额	判断关键词的有效性

任务1 流量渠道分析

流量是电商的命脉，通过流量的深入触达，获得长期潜力是电商企业持之以恒的追求。流量分析可以从多角度进行分析，比如从用户角度，可分为拉新分析、转化分析、活跃分析、留存分析、流失分析等；从过程价值角度，可分为渠道分析、转化分析、价值分析和波动分析。

在本任务中，我们从过程角度研究流量的路径价值，即流量渠道分析、流量转化分析、流量价值分析及流量波动分析。

在研究之前，首先廓清"流量分析"与"流量渠道分析"的含义及关系。

◎ 知识准备

一、流量分析

从电商运营的视角来看，流量分析是指分析产品的用户来源渠道，经过该渠道进来的用户质量，最终体现为我们的成本收益分析。

二、流量分析的意义

互联网产品的获客成本越来越高，甄别高质量渠道对拉新投放等手段显得更加重要。比如京东 2016 年的获客成本是 142 元，2019 年高达 1503 元，这意味着每发展一位新客要花费 1503 元。不过阿里巴巴的获客成本是 400 元左右，阿里巴巴获得一名新客的成本远低于京东，所以京东宣布和腾讯合作，与微信打造拼购业务争夺新用户。归根到底，流量分析落到成本收益上，就是在分析花钱买的这些流量值得不值得。

三、流量的类型

从互联网的流量格局来看，也就是从流量的来源渠道来看，基本上可分为四部分。

（1）电商平台流量（淘宝、天猫、京东、拼多多等）。

（2）搜索引擎流量（百度、搜狗、360 等）。

（3）社交平台流量（微信、QQ、抖音、快手等）。

（4）信息平台流量（自媒体、论坛、信息网、B2B 等）。

本项目主要从电商平台流量这一角度来分析流量。

四、流量分析的模块

可以将流量分析拆分成四个模块，为了更好地理解流量，把流量想象成流进田地的水。

- 不同的水源会影响庄稼的收成——这是流量渠道分析。
- 水从田坝入口流到田里，在这个过程中水会因各种因素变少，所以最终流到庄稼的水量有多少——这是流量转化分析。
- 分析流到给庄稼的水带来了多少收成——这是流量价值分析。
- 日常都是差不多的水量流进来，突然有一天这个水多了或少了——这是流量波动分析。

通过以上的例子我们可以发现可以将流量分析可以分为：流量渠道分析、流量转化分析、流量价值分析、流量波动分析。流量分析相关的问题可以围绕这四个模块展开，找到对应的解法。

1．流量渠道分析

经过上面的分析，我们已经理解了流量渠道分析其实只是流量分析中的一部分，流量渠道分析是指"流量分析"中流量的来源或者路径分析。

流量渠道分析可以从三个方面探讨：渠道主要分类、渠道推广流程、渠道的关键指标及分析方法。

1）渠道主要分类

对于电商平台的渠道，可以分为两类：内部渠道和外部渠道。这里以淘宝为例。

外部渠道一般是付费渠道，主要从搜索引擎、App 广告、社交媒体及软件市场着手。

（1）淘宝店铺内部渠道的主要流量渠道如下。

- 淘宝站内搜索，即在淘宝宝贝页面的搜索引擎中输入宝贝名称寻找宝贝的行为；
- 社区软文转化，即通过淘宝内外社区软文的引导产生购买的行为；
- 社区互动工具，即通过淘宝站内外社区互动工具在互动中产生购买的行为；
- 淘宝上各种能引流的促销活动；
- 老客户直接访问店铺；
- 直通车、钻石展位等。

（2）淘宝流量来源的主要入口如下。

- 免费流量（搜索流量入口、类目流量入口、专题流量入口、聚划算、淘宝天天特价、淘金币、试用、帮派）；
- 付费流量（直通车展示免费单击付费、钻石展位、淘宝客）；
- 自主访问（直接访问、店铺收藏、宝贝收藏、购物车、我的淘宝）；

- 淘宝站外；
- 一淘网。

（3）淘宝直通车。

淘宝直通车是专门为淘宝和天猫的卖家量身定制的，按单击付费的效果营销工具，为卖家实现宝贝的精准推广。它是由阿里巴巴旗下的雅虎中国和淘宝网进行资源整合，推出的一种全新的搜索竞价模式。

淘宝直通车的竞价结果不仅可以在雅虎搜索引擎上显示，还可以在淘宝网（以全新的图片+文字的形式显示）上充分展示。每件商品可以设置 200 个关键字，卖家可以针对每个竞价词自由定价，并且可以看到其在雅虎和淘宝网上的排名位置，排名位置可用淘大搜查询，并按实际被单击次数付费。

2）渠道推广流程

渠道推广流程更多的是市场侧方面的工作，和数据分析关系不大，此处不赘述。

3）渠道的关键指标及分析方法

（1）UV：独立访客数，统计 1 天内访问某站点的用户数（以 cookie 为依据），访问网站的一台电脑客户端为一个访客。

（2）PV：访问页面数，即页面浏览量或单击量，衡量网站用户访问的网页数量；在一定统计周期内用户每打开或刷新一个页面就记录 1 次，多次打开或刷新同一页面则按浏览量累计。

（3）跳出率：只访问了入口页面（如网站首页）就离开的访问量与所产生总访问量的百分比。跳出率=访问一个页面后离开网站的次数/总访问次数。

（4）转化率：进行了相应动作的访问量/总访问量。

（5）ROI：投入产出比（一般按照广告费消耗/订单金额计算）。

（6）CPS：按照销售订单结算。

（7）CPM：按照千次展现收费。

（8）CPC：指单击计费，按照每次广告单击的价格计费。

（9）CPA：指按行动付费，按照注册或规定的动作收费。

（10）CPT：按照展示时间收费。

2．流量转化分析

流量转化就是将商家吸引过来的潜在用户转化为实现商品交易的真正用户的过程，目前是线上商家的主要模式。电商其实也是用户流量转化的结果，用户通过电商平台浏览商户信息，最终通过比较、研究，选出最能满足自己需求的商品，从而获得消费者效益最大化，此时商家便完成了用户流量的转化。

1）流量转化分析的指标——单击率

落实到淘宝的流量转化分析中，单击率指的就是浏览次数与宝贝的展现量的比率。单击率的计算方法为：单击率=（单击量/展现量）×100%。比如宝贝有 10 次被浏览，即单击量是 10，宝贝的展现量是 100 次，那么用单击量 10 除以展现量 100，计算出来的单击率就是 10%。

2）单击率的影响因素

单击率的影响因素有标题、主图、销量和客单价。

（1）标题。标题可以说是吸引单击率的一个基础门槛。卖家在做标题时要精准把握买家的需求，标题关键词一定要选择适合自己的，不要简单地抄袭别人的标题，同时还要保证标题的可读性。所有搜索的宝贝标题里都含有搜索的关键词，也就是说，在拟定标题时，要尽量精准，才能有较高的单击率。

（2）主图。主图对单击率的影响非常大。网上购买物品时是看不到实物的，一般只能通过图片大致判定商品的信息，所以在优化主图时一定要保证主图简洁明了。简简单单能够突出商品的最佳卖点就好。

很多消费者输入自己想要的宝贝后，一般不会读每个宝贝的标题，通过关注主图，选择单击了解或继续看其他宝贝。例如，如果消费者搜索"羽绒服女"可能只是想买一件好看的衣服，卖家只需将宝贝做好展现其优势、款式、生活场景的元素即可，因为这个词的范围很大；如果消费者搜索"羽绒服，修身"，那么肯定是想买一件带有修身效果的羽绒服，在这里"羽绒服"是关键词，"修身"是转化词，所以在消费需求非常明显的情况下，需要展示羽绒服的"修身"，这样更加符合消费者的预期。

（3）销量和客单价。符合预期的客单价和高销量对单击率的提升有推波助澜的效果。但是关于宝贝定价的问题涉及很多，销量也不是一蹴而就的，此处不做过多说明。

总之，想要提高单击率，就必须从标题、关键词和主图等方面去优化。

3．流量价值分析

流量的价值分析归根到底还是要落到 ROI 上。分析通过渠道拉新获取流量付出的成本，这些流量为我们带来了什么样的收获，就是价值分析。

通过对不同渠道的流量价值分析，可以帮助卖家判断流量的优劣，从而为后面的运营提供有益的借鉴。

最普遍的价值分析公式之一：销售额=访客数×转化率×客单价。

通过分析不同渠道来源的访客数的转化率，就可以分析流量来源渠道的质量。访客的来源渠道可以参考上面的渠道分析，利用转化分析逐一分析每个不同渠道的价值。

4．流量波动分析

任何一个店铺的流量曲线都不会一成不变，一次营销活动可以让流量大涨，一个不慎的操作也会让流量直线下降。实时观察店铺的流量情况，将其波动曲线的变动控制在合理的范围内，是一个卖家要做的日常工作。日常引流时容易使流量下降的因素如下。

1）关键词匹配程度与权重的影响

淘宝直通车与自然搜索都是通过买家搜索关键词获取流量的，那么买家能否搜索到这个宝贝取决于宝贝的排名，而在排名之前还有相关度，如果相关度偏差太大，可能导致买家找不到宝贝，淘宝直通车中投放的关键词导致质量得分上不去。

关键词相关度还涉及人群标签的问题，首先宝贝被搜索引擎抓取数据打上标签，然后通过成交和收藏加购来强化宝贝的人群标签，因此其综合排名会上升，这就是搜索权重的提升方式。如果关键词的相关度差，也会导致标签混乱，人群混乱，影响整体转化率和搜索权重。

要避免关键词相关度差的问题也非常简单，可以参考同行，或者利用生意参谋中的搜索词查询，看一下自己投放的搜索词是否有问题，如果相关度差则及时删改。

2）扣分降权记录及店铺层级的影响

如果店铺近 3 个月内有违规降权或扣分行为，也会在一定程度上影响自然搜索流量。这期间有可能成为主推宝贝的"致命伤"，手淘搜索起不来，销量也在下降，那么店铺层级也会受到影响。

如果有扣分情况，扣除的分数不是太多则可以通过引流操作把搜索权重提升上来，也可以考虑换主推宝贝。同时，重点关注付费引流方面，让店铺能够持续进入流量，使转化率稳定甚至有提升，从而促成成交量。

3）DSR 评分的影响

DSR 评分是影响店铺整体搜索权重的因素之一，虽然有很多店铺评分在基础评分以下，但依旧有流量，因为类目的原因，有些产品的评分很容易下降，但这并不代表不重要，所以不是做什么类目都可以不注重评分的，还是尽量不让评分在基础评分以下。

4）收藏加购率表现

如果收藏加购率表现非常好，在宝贝新品上架后系统会给予一定的曝光机会，如果这个期间的引流操作把流量调整精准，转化率指标也较好，会获得大量的手淘自然搜索，那么流量就会很好。

5）主图影响

决定流量的因素有两种，一是展现位置，让买家能够看到，二是单击率，有人看也要有人点进去。展现位置决定的是让买家看到的次数，但不一定点进去，所以单击率的提升同样重要。单击率提升的第一个突破口是关键词，如果相关度没有问题则考虑竞争度的问题。单击率提升的第二个突破口是图片的吸引程度。图片单击率也可以利用淘宝直通车测试数据，要尽量突出卖点做区别化，才能够提升流量。

6）人群标签影响

现在淘宝的大趋势是做精准流量，所以淘宝直通车引流的权重越来越高。很多商家会采用补单的方式，这也是比较传统的方式，但操作不慎容易扣分降权，更直接的影响是打乱人群标签，导致自然搜索流量下降。

7）价格影响单击率

价格影响单击率的比重是非常高的，买家在看流量商品时，除了看主图还看价格，他们会对不同商家的同种产品进行比较，所以如果价格上有一定劣势会极大地影响进店流量，如果货源和利润允许的情况下，一定要了解市场趋势，一旦同行有了价格上的变动，看看自己是不是也需要调整，否则流量会大幅下跌。

8）店铺整体价值影响

这里所说的价值其实就是店铺综合产出，包括店铺的客单价。理论上客单价和流量没关系，但其实客单价的影响非常大。例如，两个店铺的销量一样，各方面数据都一样，如果客单价差别很大，那么客单价高的这家店铺产出的价值要高，自然也会获得更多的流量。

五、相关知识链接

1．DSR

在淘宝中，店铺 DRS 指的是店铺的动态评分，包括宝贝与描述相符、卖家服务态度、卖家发货速度、物流公司服务。

2．钻石展位

钻石展位是淘宝网图片类广告位竞价投放平台，是为淘宝卖家提供的一种营销工具。

钻石展位依靠图片创意吸引买家单击，获取巨大流量。品牌展位版基于淘宝每天 6000 多万访客和精准的网络购物数据，帮助卖家更清晰地选择优质展位，更高效地吸引网购流量，达到高曝光、高单击的传播效果。

3. 淘宝客

淘宝客是一种按成交计费的推广模式，也指通过推广赚取收益的一类人。

淘宝客只要从淘宝客推广专区获取商品代码，任何买家经过推广（链接、个人网站、博客或社区发的帖子）进入淘宝卖家店铺完成购买后，就可得到由卖家支付的佣金；简单来说，淘宝客就是指帮助卖家推广商品并获取佣金的人。淘宝客也是商家获取流量的方式。

4. 一淘网

一淘网是阿里巴巴集团旗下的促销类导购平台，成立于 2010 年。一淘网立足淘宝网、天猫、飞猪等阿里巴巴集团的丰富商品基础，通过返利、红包、优惠券等丰富的促销利益点，为用户提供高性价比的购物体验，是用户必不可少的网购利器，也是提高店铺流量转化率的方式之一。

◎ 任务实施

1. 流量渠道分析报表

步骤 1：选择"卡片图"对象，创建一个卡片，将"流量表"的"访客数"列拖曳到"字段"区域，如图 6-1 所示，卡片图显示结果如图 6-2 所示。

图6-1　创建卡片图对象　　　　图6-2　卡片图显示结果

步骤 2：创建"表格"对象，将"流量表"的"来源"和"访客数"列拖曳到"值"区域，如图 6-3 所示，表格显示结果如图 6-4 所示。

步骤 3：创建一个"簇状柱形图"对象，将"流量表""日期"列拖曳到"轴"区域，将"访客数"列拖曳到"值"区域，如图 6-5 所示。

图6-3　创建表格对象

来源	访客数
WAP淘宝	40
购物车	38502
聚划算	3
手淘爱逛街	20
手淘标签会场	3
手淘卡券包	14
手淘每日好店	3
手淘拍立淘	162
手淘其他店铺	162
手淘其他店铺商品详情	6580
手淘-生活研究所	15706
手淘收藏夹	1
手淘首页	402590
手淘私人定制	168
手淘搜索	20198
手淘淘宝头条	1
手淘淘宝直播	3
手淘淘金币	133
手淘抢购	2
手淘淘小铺	17
手淘通讯录分享	3
手淘旺信	1724
手淘微淘	159
手淘问大家	13466
手淘我的评价	3723
手淘我的足迹	30
总计	554301

图6-4　表格结果

图6-5　创建簇状柱形图对象

步骤 4：簇状柱形图显示结果如图 6-6 所示，单击图形上方"向下钻取"按钮，启动"深化模式"，单击数据点进行深化，结果如图 6-7 所示。

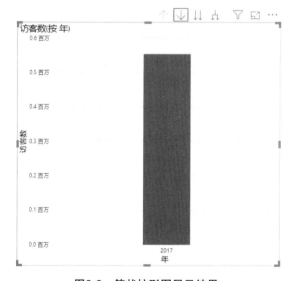

图6-6　簇状柱形图显示结果

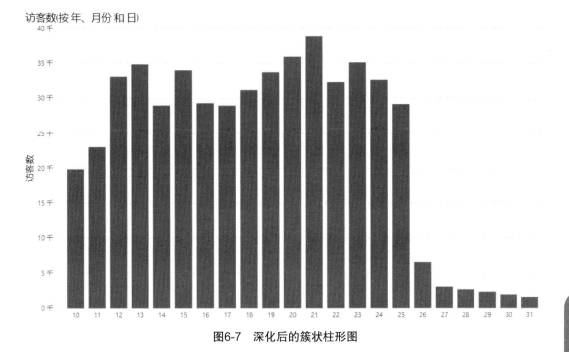

访客数(按年、月份和日)

图6-7　深化后的簇状柱形图

步骤 5：为了增强可视化效果，创建"环形图"对象，将"流量表""来源"列拖曳到"图例"区域，将"访客数"列拖曳到"值"区域，如图 6-8 所示。

步骤 6：单击格式按钮，将图例格式设置为关，如图 6-9 所示，显示结果为 6-10 所示。

图6-8　创建环形图

图6-9　设置图例格式

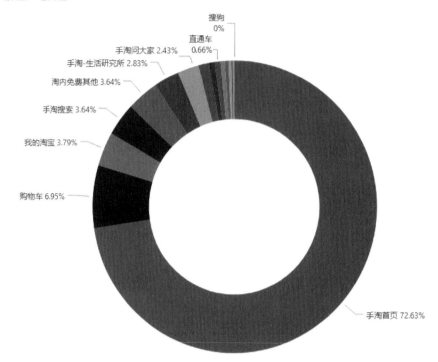

访客数 （按 来源）

搜狗 0%

直通车 0.66%

手淘问大家 2.43%

手淘-生活研究所 2.83%

淘内免费其他 3.64%

手淘搜索 3.64%

我的淘宝 3.79%

购物车 6.95%

手淘首页 72.63%

图6-10　环形图对象结果①

◎ 分析结论

由图 6-10 可以看到该店铺大部分访客流量入口是手淘首页，其次是在店铺加购了购物车的访客，后面依次是：我的淘宝、手淘搜索、淘内免费其他、手淘-生活研究所、手淘问大家和直通车。从这些数据可以看到，该店铺的访客绝大部分是用手淘搜索的，店主在建设店铺时要将手机用户的体验感受放在第一位；其次要注意手机搜索功能，增加手淘搜索竞价营销方式；另外，购物车直接访客是访客流量入口第二名，说明该店铺访客加购了产品以后的回访率较高，要重视这类访客，可以适时发放定向优惠券，以增加这类人群的购买转化率。

2. 快速见解洞察数据变化

对分析者而言，分析任务就是找出数据增长或下滑的原因。Power BI Desktop 提供了快速见解的功能，可以快速分析数据变化的原因。观察图 6-7，发现数据从 11 日开始增长。

步骤 1：在 11 日对应的柱形条上右击，在弹出的快捷菜单中单击"分析"→"解释此

① 该图为实际操作结果，有些数据不能完全显示。

增长"命令，如图 6-11 所示。

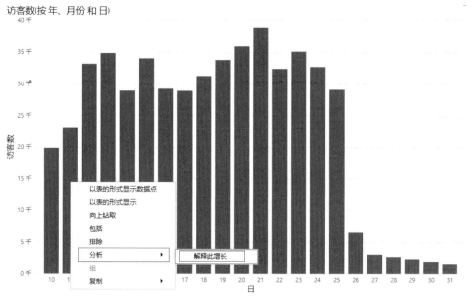

图6-11　分析

步骤 2：弹出快速见解对话框，可以看到文字说明，主要是"手淘首页"影响了数据的增长，相关性最高的是"手淘首页""手淘-生活研究所"，单击右上角的加号，如图 6-12 所示，可以将"瀑布图"对象添加到页面中。

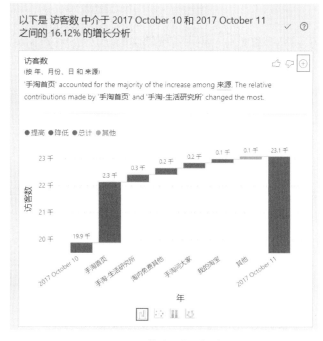

图6-12　快速见解对话框

◎ 分析结论

2017 年 10 月 10 日的访客数是 19.9 千，数据从高到低排列"手淘首页"增长 2.3 千，"手淘–生活研究所"增长 0.3 千……，最终到 2017 年 10 月 11 日的访客数是 23.1 千，通过"瀑布图"对象可以直观地了解数据变化的原因。从这个分析结果可以寻找"手淘首页"流量急剧增加的原因，是营销活动所致？是社会热点所致？还是关键词优化所致？从而形成有益的经验，为后面的运营提供参考。

任务 2　关键词有效度分析

直接在平台上搜索产品的关键词，依然是大部分客户寻找产品的重要途径。关键词是搜索引擎的产物，客户通过搜索关键词在网页上检索产品，产品被用户检索到的前提是产品标题中包含用户的检索词（关键词），而每一个产品的标题都有字符限制，通过分析关键词的数据，可以优化页面设置的关键词和产品的标题。

在店铺推广活动中，有一种直通车推广，其实就是关键词竞价推广，其推广的实质就是参与关键词排名，也就是关键词的优化。

◎ 知识准备

1．关键词

关键词源于英文"keywords"，特指单个媒体在制作使用索引时所用到的词汇。关键词搜索是网络搜索索引的主要方法，就是访问者希望了解产品、服务和公司等具体的名称用语。

关键词按照热度分类包括：热门关键词、一般关键词和冷门关键词；按长短分类包括：短尾关键词和长尾关键词；按主副分类包括：主要关键词和辅助关键词。

2．关键词分词

关键词分词又叫切词，它是将连续的"字序列"按照一定规则重新组合成"词序列"的过程。这里说的分词是中文分词，因为英文是以单词为单位的，词与词之间有空格分隔。而中文是以字为单位的，多个字连在一起才能构成一个表达具体含义的词。词与词之间没有分隔，因此，对于支持自然语言检索的工具，从语句中划分出具有独立意义的词的过程即进行中文分词则必不可少。比如，结婚的和尚未结婚的，可以有两种分词：结婚的/和尚/未结婚的；结婚的/和/尚未结婚的，分词不同，其意思就大相径庭了。

3．关键词与流量的关系

关键词是搜索引擎优化中一个非常重要的因素，在搜索引擎中搜索信息都是通过输入关键词来实现的。关键词的优化好坏（在网店中的就是宝贝标题的优化）将会直接影响网站（网店）的流量高低。要想获得免费流量就要写好自己的宝贝标题，标题越好，获得免费流量的概率也就越大。

4．关键词引流技巧

关键词引流最重要的就是如何选择关键词，选择关键词一般有如下方式。

（1）搜索下拉列表中的推荐词用作标签词。要注意的是，这些标签词要基于宝贝的属性来提取关键词。

（2）从直通车里面的推荐词和流量解析选择关键词。

（3）选择无线端的右标签词和左推荐词，在无线端的下拉列表也会有关键词。

5．选择关键词的注意因素

（1）小众类目和小众产品在选择关键词时，可选择的主关键词少，那么就选择两到三个主关键词加上价格和主图就能锁定购物人群，也就是加上长尾关键词。长尾关键词的针对性更强，精准度高，对于小众类目和小众产品非常有效。只要让产品和购物人群相互匹配，充分利用长尾效应，进店的浏览量也会很可观。另外，小店铺的卖家给产品的长尾关键词增加一些另类称呼，相对竞争不会太大，同时其属性也有关联，也会增加店铺的流量。比如很多人会把"美甲片"搜索成"假贴""假指甲"等，小店铺的卖家可以尝试选择不同的关键词。

（2）选择关键词一定要注意相关性。比如，不能因为"面膜"这个词的搜索人气高，某个卖"面霜"的店铺就把"面膜"加到"面霜"的标题中，或者发布产品时把属性设置为"面膜"。这样前期流量可能会上升，但会严重影响搜索机制的判断，导致后期的流量上不去。

6．长尾效应

长尾效应的英文全称为 Long Tail Effect。"头"（head）和"尾"（tail）是两个统计学名词。正态曲线中间的突起部分称为"头"；两边相对平缓的部分称为"尾"。从人们需求的角度来看，大多数的需求会集中在头部，这部分需求被称为流行，而分布在尾部的需求是个性化的、零散的、小量的需求，这部分差异化的、少量的需求会在需求曲线上形成一条长长的"尾巴"，因此，将其称为长尾效应。长尾效应就在于它的数量，将所有非主流的市场累加起来会形成一个比流行市场还大的市场。长尾效应的根本就是强调"个性化""客户力量"和"小利润大市场"。

7．词根表

词根表的作用是将关键词中的词根提取出来分析，如关键词"连衣裙韩版夏"可拆解为"连衣裙""韩版""夏"。

8．本项目使用的函数说明

Text.Contains 函数说明如下。

函数功能：判断文本 1 中是否包含文本 2，如果包含则返回 TRUE，如果不包含则返回 FALSE。

函数语法：Text.Contains(文本 1,文本 2)。

◎ 任务实施

步骤 1：在"添加列"选项卡"常规"组中选择"自定义列"选项，如图 6-13 所示。

图6-13　自定义列

步骤 2：弹出"自定义列"对话框，在"自定义列公式"列表框中输入"=Text.Contains([关键词],[词根])"，设置好自定义列后单击"确定"按钮，如图 6-14 所示。

图6-14　自定义列对话框

★★注意：公式中的()和逗号必须用英文字符。

步骤 3：单击"是否包含词根"列名右侧的下拉按钮，取消勾选"FALSE"复选框，单击"确定"按钮，如图 6-15 所示。

图6-15　过滤值

步骤 4：在"主页"选项卡单击"关闭并应用"按钮将以上操作保存，回到报表视图。

步骤 5：创建"表格"对象，将"词根表"的"词根""访客数""支付金额"拖曳到"表格"对象的"值"区域，如图 6-16 所示，显示结果如图 6-17 所示。

图6-16　设置表格对象

词根	访客数	支付金额
宝宝	130	410.19
表演	96	215.00
儿童	6723	47,519.03
黑猫	356	730.37
警察	3498	36,056.64
迷彩	381	1,019.60
套装	1212	7,287.93
制服	482	1,574.41
总计	12878	94,813.17

图6-17　显示结果

步骤 6：添加一个"折线和簇状柱形图"对象，将"词根表"的"统计日期"列设置在"共享轴"区域，"支付金额"设置在"列值"区域，"访客数"设置在"行值"区域，如图 6-18 所示。

步骤 7：单击"格式"按钮，将"折线和簇状柱形图"对象的 X 轴的类型设置为"类别"，如图 6-19 所示。

图6-18　设置折线和簇状柱形图对象

图6-19　设置 X 轴的类型

步骤 8：单击"折线和簇状柱形图"上方的"向下钻取"按钮，启动"深化模式"，如图 6-20 所示。

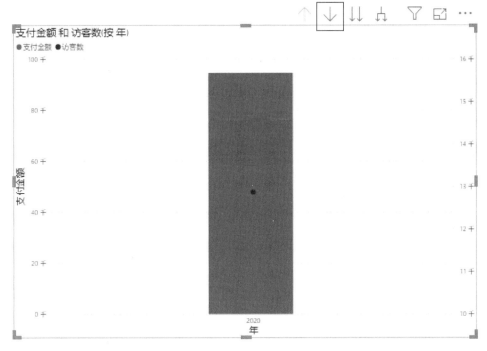

图6-20 启动"深化模式"

步骤 9：单击数据点进行深化，结果如图 6-21 所示。

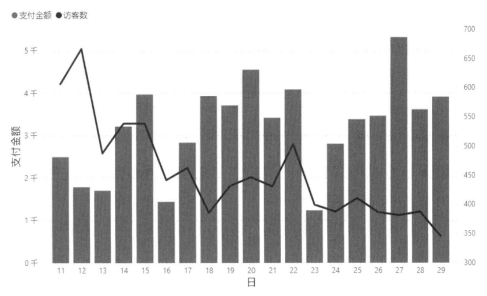

图6-21 折线和簇状柱形图

步骤 10：选中表格对象，在"格式"选项卡"交互"组中单击"编辑交互"命令，如图 6-22 所示。

图6-22　编辑交互

步骤 11："折线和簇状柱形图"对象右上角会出现新的按钮，如图 6-23 所示，将图形设置为筛选效果。

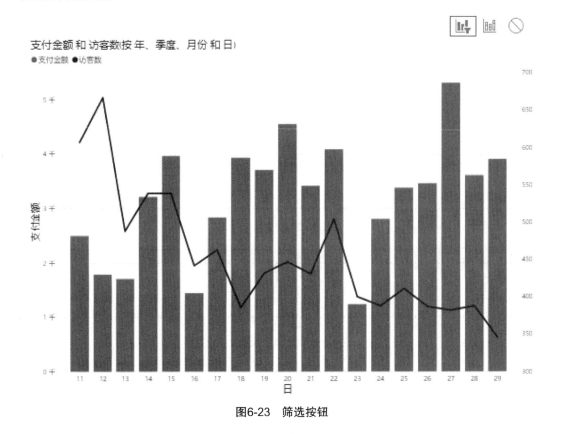

图6-23　筛选按钮

步骤 12：观察设置后的应用效果，如图 6-24 所示。

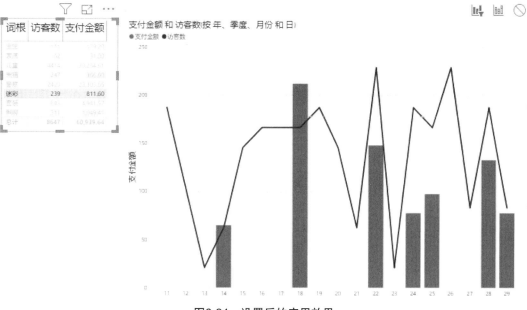

图6-24　设置后的应用效果

◎ 分析结论

（1）儿童、警察两个词根带来的访客数和支付金额较多。

（2）可以把包含儿童或警察的关键词用于产品标题优化和网页优化。

同步实训

根据数字资源提供的数据，做流量渠道分析、关键词有效度分析。

课程思政与素质目标

系统观念是马克思主义基本原理的重要内容，强调系统是由相互作用和相互依赖的若干组成部分结合而成的、具有特定功能的有机体；要从事物的总体与全局上、从要素的联系与结合上研究事物的运动与发展，找出规律，建立秩序，实现整个系统的优化；用开放的复杂系统的观点、用从定性到定量的综合集成方法研究经济社会问题。

实践表明，系统观念、系统方法是解决问题过程中不可或缺的方法。

淘宝店铺的运营是多个相互作用的组成部分连接成的一个有机整体。在淘宝店铺运营中，流量分析及运营是其重要的组成部分之一，通过流量分析及运营，找到目标用户，从而将用户引流进店铺页面，是整个店铺运营的首要任务。

在学习过程中，要逐步学会缘事析理，搭建符合规律的、具体的数据指标体系，以系统化的思维进行数据分析的准备工作，提升数据分析职业素养。

项目 7
舆情分析

引例

陈老师在某电商平台上买了一瓶标注是 1000g 的沐浴露，收到货以后发现沐浴露的瓶子并没有装满，距离瓶口还有一段距离。于是，陈老师在评价中给了中评，并发了一张照片，标注了距离瓶口的位置标记。令她意外的是，不到半个小时，就有一个客服打来电话说明这瓶沐浴露容量的事情，最后双方相互理解，完美地解决了问题。

电商的核心维度是产品、营销和服务，做好这三个维度就可以立足于电商。而消费者的舆情则是优化这三个维度的核心数据支撑。消费者如何评价我们的产品和服务，将直接指导对产品和服务的升级迭代。某电商企业数据分析师从电商评价、客服聊天记录、社交平台等渠道采集舆情数据，并进行相应分析。

任务拆解

这是典型的电商店铺舆情分析应用场景，通过对现有客户评价数据的分析让企业了解客户舆情的基本情况，帮助企业监控店铺状态，并在进行产品和服务的升级换代时提供参考。舆情分析一般会考虑商品评价、概率、关键词、正面得分、负面得分等指标，因此该项目围绕舆情分析的需求拆解成如表 7-1 所示的两个任务，分别是关键词提取、情感分析。本项目通过 Excel 载入数据，在 Power BI Desktop 中以某企业店铺采集自淘宝网的商品评价为例展开分析。

表 7-1　舆情分析项目的任务拆解表

项　目	任　务	数　据　指　标	主　要　作　用
舆情分析	关键词提取	商品评价、概率、关键词	判断客户评价的关键词情况
	情感分析	商品评价、正面得分、负面得分	判断客户正面评价、负面评价情况

任务 1　舆情关键词提取

舆情数据都是文本型数据，杂乱无章难以分析，通过提取文本中的关键词并统计后才能够分析。Power BI Desktop 自身并没有关键词提取的功能，但可以通过互联网接口拓展Power BI Desktop 的功能，可免费申请商业试用，每天有固定的访问次数。

◎ 知识准备

一、舆情分析

1．舆情

舆情是"舆论情况"的简称，是指在一定的社会空间内，围绕中介性社会事件的发生、发展和变化，作为主体的民众对作为客体的社会管理者、企业、个人和其他各类组织及其政治、社会、道德等方面的取向产生和持有的社会态度。舆情是较多群众关于社会中的各种现象、问题所表达的信念、态度、意见和情绪等表现的总和。从传统的社会学理论上讲，舆情本身是民意理论中的一个概念，是民意的一种综合反映。

网络舆情以网络为载体，以事件为核心，是广大网民情感、态度、意见、观点的表达、传播与互动，以及后续影响力的集合，带有广大网民的主观性，未经媒体验证和包装，直接通过多种形式发布在互联网上。

在网络环境下，舆情呈现自由、交互、多元、突发及偏差性的特点。

2．舆情的表现形式

随着网络技术的推陈出新，网络舆情的传播途径呈现多样化，例如，新闻跟帖、网络论坛/BBS、电子邮件、网上调查、网上签名、博客/个人空间等。此外，还有即时通信群和移动电话短信。总体来说，我们把用户舆情的信息归纳为文本、音频、视频和图片。

本项目的引例中，陈老师用的就是文本和图片两种形式。在本项目后面的探讨中，主要分析电商平台中的客户评价舆情信息，其主要是文本形式的信息。

3. 舆情分析

舆情分析是指根据特定问题的需要，对这个问题的舆情进行深层次的思维加工和分析研究，得到相关结论的过程。

二、文本舆情分析

从电商、论坛、应用市场、新闻媒介等平台获取到大量和调研目标相匹配的用户舆情文本后，具体应该如何应用？其中可能包含哪些对调研有价值的内容？可以通过什么方法提炼分析？能实现什么预期效果？根据以往的项目经验，文本舆情分析的价值点和应用场景如图 7-1 所示。

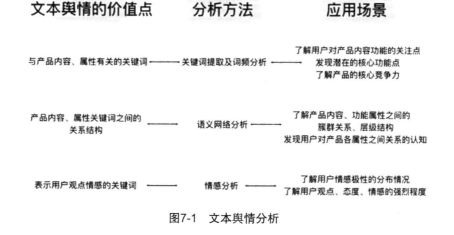

图7-1　文本舆情分析

这些信息既可以说明"是什么"的问题，又可以表明属性、关系、喜好是"怎么样"的，还能在一定程度上分析表象背后的原因，可以挖掘出包含在其中的焦点、趋势、关联，帮助我们了解产品的市场反馈和用户需求，为方向聚焦、策略引导、价值判断提供依据。

对于电商行业，舆情分析的主要作用是将客户在线上留下的文字（聊天记录、评论等）进行统计和模型分析，了解客户对品牌、产品的看法，以及客户的需求和情感上的喜恶。这对品牌、产品的战略定位起到非常重要的作用，能够为运营者做出正确的决策提供重要参考。

三、文本舆情数据的分析方法

分析文本舆情数据主要用到的是文本分析的方法。因为文本数据是非结构化的，拿到文本舆情之后的一个关键问题就是要把数据转化为能被计算机理解和处理的结构化数据，然后才可能进一步对用户舆情数据进行完整系统的处理分析，从无关冗余的数据中提炼出有意义的部分，如图 7-2 所示。

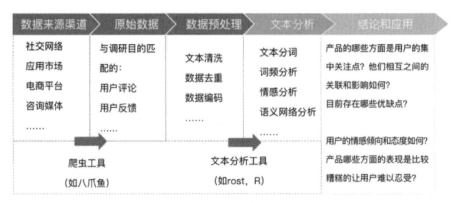

图7-2　文本舆情分析方法

（1）获取数据工具，可以用数据爬虫工具，根据需要免费从网站上爬取数据（在设有反爬虫机制的渠道获取舆情数据的难度会增加）。

（2）文本分析工具，通过分词处理、词频分析、语义网络分析等，挖掘潜藏其中的关键信息，把握深层的关系和结构。在文本数据量不太大的情况下，使用文本分析工具 ROST 基本能满足中文舆情分析的需要；如果对于文本分析结果有更高的要求，可使用 Python、R 等编程语言进行处理。

（3）文本数据可视化工具，使用工具将文本分析结果以可视化的形式（如词云图、语义网络图）呈现出来，便于从中直观地发现价值点。

四、用户舆情具备的优势特点

（1）来源渠道丰富：不限于社交网络、新闻资讯媒体、电商平台、应用市场等。

（2）覆盖面广，信息量大：覆盖到不同人口学特征的人群，覆盖到目标用户、竞品用户等不同人群。

（3）真实客观：整体而言是用户最直接的表达，能在一定程度上保证数据的真实客观。

（4）获取成本低：基本上都能快速、免费的获取，省时高效。

在店铺运营方面，用户舆情分析能让我们在特定的研究背景下，以更小的代价了解到产品的市场反馈、用户的态度认知和需求痛点，有效地达到研究目的。

五、词云与词云图

1. 词云

"词云"这个概念由美国西北大学新闻学副教授、新媒体专业主任里奇·戈登（Rich Gordon）提出。戈登做过编辑、记者，曾担任 *Miami Herald*《迈阿密先驱报》新媒体版的主任。他一直很关注网络内容发布的新形式，即那些只有互联网可以采用而报纸、广播、等其他媒体都望尘莫及的传播方式。通常，这些新的、适合网络的传播方式，也是很好的传播方式。因此，"词云"就是对网络文本中出现频率较高的"关键词"予以视觉上的突出，形成"关键词云层"或"关键词渲染"，从而过滤掉大量的文本信息。网页浏览者只要一眼扫过文本就可以领略文本的主旨。

2. 词云图

词云图广泛应用于教育、娱乐、计算机软件等各行各业。例如，在电子小说阅读中，词云图会提示关键词和主题索引，方便用户在互联网上快速阅读；一些先进的外语学习网站采用教育加娱乐的方式，用自动分析的方法进行概率统计与分析后，提供给外语学习者相应的词汇表与词云图；也有些文娱爱好者将这些词云图保存打印下来，印在明信片上，甚至放到自己的网络相册内，这都是展现自己的极佳方式。

3. 词云图制作工具

在数据可视化图表中，词云图是一种视觉冲击力很强的图表。对输入的一段文字进行词频提取，然后根据词汇出现频率的大小集中显示高频词，简洁直观高效。目前，国内外已有多种词云图制作工具，可以将其分为：在线工具分析软件和代码三类工具。例如，在线工具有图悦、微词云、WordArt 等；分析软件有 Power BI、Fine BI、tableau 等；代码工具 Python、R 语言等编程语言。不同的工具或制作方法有不同的特色及优缺点，可以根据需要自行尝试并选择喜欢的软件或方式来制作词云图。

六、文本数据挖掘

1. 定义

文本数据挖掘（Text Mining）是指从文本数据中抽取有价值的信息和知识的计算机处理技术。

2. 文本挖掘方法

（1）文本分类：文本分类是一种典型的机器学习方法，一般分为训练和分类两个阶段。

（2）文本聚类：文本聚类是一种典型的无监督式机器学习方法，聚类方法的选择取决于数据类型。

（3）信息抽取：把文本里包含的信息进行结构化处理，变成类似表格的组织形式。输入信息抽取系统的是原始文本，输出的是固定格式的信息。

（4）信息检：主要是利用计算机系统的快速计算能力，从海量文档中寻找用户需要的相关文档。

（5）自动文摘：利用计算机自动地从原始文档中提取出主要内容。

（6）自动问答：指计算机对于用户提出的问题，可以自动地从相关资料中求解答案并给出相应的回答。

（7）机器翻译：利用计算机将一种源语言转变为另一种源语言的过程。

（8）信息过滤：指计算机系统可以自动进行过滤操作，将满足条件的信息保留，将不满足条件的文档过滤。

（9）自动语音识别：自动语音识别就是将输入计算机的自然语言转换成文本表示的书面语言。

◎ **任务实施**

1．关键词提取

步骤 1：打开 Power Query 编辑器，在"添加列"选项卡"常规"组中选择"自定义列"选项，通过访问 API 接口提取评价文本的关键词，如图 7-3 所示。

图7-3　添加自定义列

步骤 2：弹出"自定义列"对话框，在"自定义列公式"列表框中输入以下表达式，=Json.Document(Web.Contents("http://api.bosonnlp.com/keywords/analysis",[Headers=[#"X-Token"="******"],Content=Text.ToBinary("["""&[评价]&"""]")])))，并将 API 密钥换成自己的密钥即可，如图 7-4 所示。

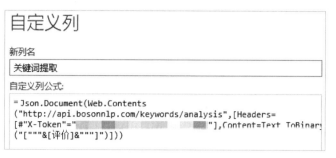

图7-4 设置自定义列

步骤 3：完成后的 API 以 List（列表）形式返回数据，如图 7-5 所示。

_CAB 评价		^{ABC}₁₂₃ 关键词提取	
朋友推荐的，非常实用，材质也好，纯棉，…		List	
朋友推荐的，非常实用，材质也好，纯棉，…		List	
朋友推荐的，非常实用，材质也好，纯棉，…		List	
朋友推荐的，非常实用，材质也好，纯棉，…		List	
朋友推荐的，非常实用，材质也好，纯棉，…		List	

图7-5 自定义列后的结果

步骤 4：由于返回的结果共需要扩展三次，前两次采用"扩展到新行"的方式，如图 7-6 所示。

步骤 5：第三次采用"提取值"的方式，如图 7-7 所示。

图7-6 扩展到新行

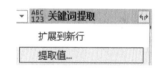

图7-7 提取值

步骤 6：单击"提取值"命令后，在弹出的对话框中将分隔符设置为"逗号"，如图 7-8 所示，返回的数据有概率和关键词两个字段，如图 7-9 所示。

从列表提取值

选择串联列表值所使用的分隔符

逗号

确定　　取消

图7-8 提取值对话框

步骤 7：在"主页"选项卡"转换"组中单击"拆分列"→"按分隔符"命令，如图 7-10 所示，选择"逗号"作为分隔符，如图 7-11 所示，将两个字段分隔出来。

图7-9　关键词提取列

图7-10　拆分列

图7-11　按分隔符拆分列

步骤 8：重命名列名，分别为"概率"和"关键词"，如图 7-12 所示。同一条评价文本的关键词概率的平方和约为 1。

图7-12　关键词及概率

步骤 9：设置好数据后，在"主页"选项卡单击"关闭并应用"按钮，返回报表视图。

2．词云图及网络图

步骤 1：在报表视图中，在"主页"选项卡"自定义视觉对象"组中选择"来自应用商店"选项，从可视化市场中添加视觉对象，如图 7-13 所示。

图7-13 添加视觉对象

步骤 2：在应用商店中选择"Word Cloud"（词云图）并单击"添加"按钮，可以直接在市场中搜索对象名字，如图 7-14 所示。

图7-14 添加词云图

步骤 3：返回报表视图，创建一个"Word Cloud"对象，将"Word Cloud"对象的"类别"设置为"Power BI 评价"的"关键词"字段，将"值"设置为"关键词的计数"，如图 7-15 所示。

图7-15 设置词云图对象

步骤 4：设置后的词云图，如图 7-16 所示。此时的关键词是东倒西歪的，不符合大众的视觉感官。

图7-16　词云图

步骤5：单击词云图对象"格式"按钮，将"旋转文本"调整为"关"的状态，如图7-17所示，调整后的词云图，如图7-18所示。

图7-17　设置旋转文本

图7-18　调整后的词云图

步骤6：回到应用商店中，添加"Network Navigator Chart"（社交网络图）对象，如图7-19所示。

图7-19　添加社交网络图对象

步骤7：创建一个"Network Navigator"对象，将"Network Navigator Chart"对象的"Source Node"设置为"Power BI 评价"的"关键词"，"Target Node"设置为"昵称"，"Edge Weight"和"Edge Color Weiget"设置为"概率"，如图7-20所示。

图7-20　设置社交网络图对象

步骤8：设置完毕的社交网络图，如图7-21所示，其中每个中心节点是用户，用户周边是关键词，用户之间通过关键词连接。

图7-21　社交网络图

步骤9：社交网络图和词云图一起使用，观察的效果更佳，如图7-22所示。

图7-22　社交网络图和词云图

任务 2　情感分析

情感分析目的是识别用户的观点态度，能够计算出文本的正面和负面得分。

◎ 知识准备

一、情感分析

对用户舆情进行情感分析，主要是分析具有情感成分的词汇的情感极性（即情感的正性、中性、负性）和情感强烈程度，然后计算出每个语句的总值，判定其情感类别，还可以综合全文本中的所有语句，判定总舆情数据样本的整体态度和情感倾向。情感分析是一种长期热门趋势，将会成为搜索引擎的关键功能之一。

二、情感分析的方法及工具

情感分析对象的最小粒度是词汇，但是表达一个情感的基本的单位是句子。虽然词汇能描述情感的基本信息，但是单一的词汇缺少对象和关联程度，并且不同的词汇组合在一起得到的情感程度不同，甚至情感倾向都相反。因此，以句子为基本的情感分析粒度是较为合理的，同时，篇章或段落的情感也可以通过句子的情感来计算。

1．情感分析方法

1）基于词典的方法

基于词典的方法主要通过制订一系列的情感词典和规则，对文本进行拆句、分析及匹配词典（一般有词性分析、句法依存分析），计算情感值，最后将情感值作为文本的情感倾向判断依据。基于词典的情感分析大致步骤如下。

- 对大于句子力度的文本进行拆解句子操作，以句子为最小分析单元；
- 分析句子中出现的词语并按照情感词典匹配；
- 处理否定逻辑及转折逻辑；
- 计算整句情感词得分（根据词语不同，极性不同，程度不同等因素进行加权求和）；
- 根据情感得分输出句子的情感倾向性。

如果是对篇章或段落级别的情感分析任务，按照具体的情况，可以以对每个句子进行单一情感分析并融合的形式进行，也可以先抽取情感主题句子后再进行句子情感分析，得到最终情感分析结果。

2）基于机器学习的方法

情感词典准确率高，但存在召回率比较低的情况。对于不同的领域，构建情感词典的难度是不一样的，精准构建情感词典的成本较高。另外一种解决情感分析的思路是使用机器学习的方法，将情感分析作为一个有监督的分类问题。对训练文本进行人工标注，然后进行有监督的机器学习过程，并用模型对测试数据预测结果。

2．关于 ROST

ROST 同样也可以完成对文本情感的分析，但目前很多文献、研究认为中文情感分析的准确性不够高，因为中文除了有直接表达各种极性情感的形容词（高兴、生气），还有用于修饰情感程度的副词（很好、非常、太），有时其中还夹杂表示否定的词（非常不好用、很不方便）。分词处理文本时，要对形容词、副词、否定词进行正确的分词；分词后，要基于情感词库、否定词库、程度副词库对这些情感词汇进行正确的赋值；最后进行情感值加权计算，才能最终分析出总的情感类别。

另外需要注意的是，舆情数据可能来自电商、应用市场、社区论坛等，这些来源渠道本身就对整体数据的情感倾向有筛选，具有某些属性的情感表达直接就被该渠道过滤掉了。

3．情感分析的参考工具

（1）常见的英文情感词库：GI（The General Inquirer）、sentiWordNet 等。

（2）常见的中文情感词库：知网、台湾大学情感极性词典。

（3）几种情感词典构建方法：基于 bootstrapping 方法的 Predicting the semantic orientation of adjectives 及 Determining the sentiment of opinions。

三、仪表盘

仪表盘在数据分析中经常被称为数据仪表盘，是进行数据分析的重要工具。仪表盘通过对关键数据指标的建模，利用交互的数据切换功能，能更加高效地进行数据分析。

◎ 任务实施

1．计算舆情情感得分

步骤 1：打开 Power Query 编辑器，在"添加列"选项卡"常规"组选择"自定义列"选项，如图 7-23 所示。通过访问 API 接口提取评价文本的关键词。

图7-23　自定义列

步骤 2：弹出"自定义列"对话框，在"自定义列公式"列表框中输入以下表达式，=Json.Document(Web.Contents("http://api.bosonnlp.com/sentiment/analysis",[Headers=[#"X-Token"="API 密钥"],Content=Text.ToBinary("[""""&[评价]&""""]")]))，并将 API 密钥换成自己的密钥即可，如图 7-24 所示。

自定义列

新列名

自定义

自定义列公式：

```
= Json.Document(Web.Contents
("http://api.bosonnlp.com/sentiment/analysis",[Headers=
[#"X-Token"="                              "],Content=Text.ToBinary
("[""""&[评价]&""""]")]))
```

图7-24　设置自定义列

步骤 3：返回数据嵌套 List，如图 7-25 所示，该数据嵌套有两层，第一层采用"扩展到新行"的方式，如图 7-26 所示，第二层采用"提取值"的方式，如图 7-27 所示。

图7-25　设置自定义列　　　　图7-26　扩展到新行　　　　图7-27　提取值

步骤 4：单击"提取值"命令后，在弹出的对话框中将分隔符设置为"逗号"，如图 7-28 所示，返回的数据有概率和关键词两个字段。

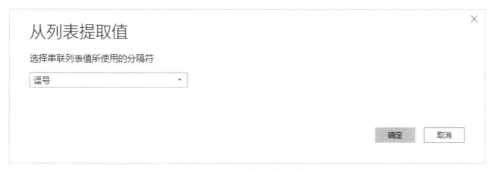

图7-28　从列表提取值

步骤 5：在"转换"选项卡"文本列"组中单击"拆分列"→"按分隔符"命令，如图 7-29 所示，选择"逗号"作为分隔符，将两个字段分隔，如图 7-30 所示，设置好自定义列。

图7-29　拆分列

图7-30　按分隔符拆分列

步骤6：重命名列名，分别为"正面得分"和"负面得分"，如图 7-31 所示。同一条评价文本的正、负面得分之和约为 1。

步骤7：再添加一列自定义列，将其命名为"最大值"，该列可用于此后的可视化设置。如图 7-32 所示。设置完毕，把"最大值"列的数据类型改为小数型。

1.2 正面得分	1.2 负面得分
0.983133834	0.016866166
0.983133834	0.016866166
0.983133834	0.016866166
0.983133834	0.016866166
0.983133834	0.016866166
0.983133834	0.016866166
0.983133834	0.016866166

图7-31　正面得分与负面得分

图7-32　添加自定义列

步骤8：设置好数据后，在"主页"选项卡单击"关闭并应用"按钮，返回报表视图。

2．分析情感得分

步骤1：在报表视图中创建一个"仪表"对象，将"值"设置为"正面得分的平均值"，"最大值"设置为"最大值的平均值"，如图 7-33 所示。

图7-33　设置仪表对象

步骤 2：观察其结果，如图 7-34 所示。

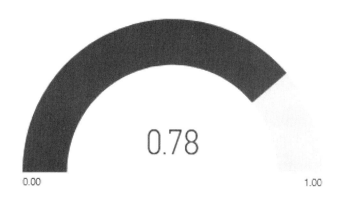

图7-34　仪表结果

步骤 3：添加一个"表格"对象，按照"负面得分"排序，如图 7-35 所示。

昵称	评价	正面得分	负面得分 ▼
m***1	很期待的孕妇枕，自从怀孕一直在家里休息，没有去上班，但是每天无聊看手机、电视把颈椎竟然累出病了，晚上也睡不好，有个这U型枕可以很好的改善睡眠哦	0.04	0.96
蚊***想	说实话我觉得作用不大啊，孕7个月偶尔会腰痛，打算买个孕妇枕头用，用了几天感觉更加腰酸背痛...老公说这个很碍地方啊，枕头比较高可能要拿走一点棉花，总体也就那样吧，现在也闲置了...可能我方法没用对???	0.04	0.96
a***8	用了不到半个月就压扁了，这个质量对不起这个价钱，有点失望。	0.05	0.95
李***妈	孕妇枕用过才来评价的，很舒服，果然孕妇还是需要来一个的，之前有考虑入便宜的但怕压几次会回不来，最终选了这个，质量看着可以，过段时间用的好的话会追评的。唯一可惜的是送的宝宝枕头和袜子？只有一个，双胞胎表示不够分呐，早知道就让多送一份了，哈哈！好评	0.21	0.79
海***队	我只想说，现实太骨感，照片太美丽！！落差太大	0.27	0.73
长***丁	孕5个月出现睡醒背痛，赶紧搜孕妇枕。但是价格、种类太多挑花了眼，经过朋友介绍买了这款，真的很舒适，背痛好了很多，用了两个星期没有塌陷，材质是纯棉的，需要的孕妈可以放心购买哈。	0.30	0.70
d***尖	很舒服，但这个长度也太短了吧，左侧睡，我脚根本夹不到那个垫！若是再长点就好了！	0.32	0.68
x***4	快递真的太快了，叼叼叼！666。客服人员服务也到位，这么简单粗暴我居然还去找她们麻烦，确实不好意思，东西没有味道，装好就能用！	0.32	0.68
v***9	讲真这个对于我来说真的挺有用的，晚上睡觉腰没有那么痛了，不会那么容易醒，可以睡整觉。	0.39	0.61
喜***钟	非常满意，连小靠背的细绑带都是棉的，睡眠质量比之前提高了很多	0.39	0.61
小***o	特意用了一个多星期才评论。本来腰有点酸，最近睡了这个就没感觉腰不舒服了，	0.48	0.52

图7-35　表格

◎ 分析结论

（1）平均正面得分为 0.78，分数不是很高，说明用户对该产品还存在不满意的情况。

（2）负面评价主要是作用问题、质量问题、性价比问题。

（3）面对海量数据，难以分辨用户的负面因素，针对负面得分高的评价提取关键词，通过观察社交网络图和词云图，可以快速直观地找出用户的痛点。

同步实训

根据数字资源提供的数据，做店铺客户的舆情分析。

课程思政与素质目标

2020 年 12 月 12 日，一张写有疑似南京禄口国际机场在接机口标注"请来自四川省成都市的游客原路返回"的照片在网上流传，引起了众多网友的热议。然而，12 日在南京禄口国际机场下飞机的旅客表示，该标识牌上显示的内容为"请来自四川省成都市郫都区的旅客主动到此申报登记"，并非是网上流传的"请来自四川省成都市的游客原路返回"。不少网友对此事表示无语。

互联网不是"法外之地"，在网上的言论自由也要遵守国家的法律法规。抵制网络谣言，不仅需要依靠法律，更需要网民自律，不断提高辨别谣言的能力和水平，努力提升自身法律意识和媒介素养，积极参与网络辟谣，主动举报网上各类有害信息。南京禄口国际机场官方微博于当日 13:14 及时发布辟谣声明，也杜绝了谣言的进一步扩散。

随着科技的发展和自媒体时代的到来，舆情也被赋予了更多的含义，其重要性也日益凸显。而对舆情的正确应对、及时处置，是防控声誉风险的有效手段和关键环节。美国著名声誉管理学者戴维斯·扬指出：任何一个团体组织要取得恒久的成功，良好的声誉是至关重要的。特别是当你身处困境时，良好的声誉就是你最重要的财富。

7